国家自然科学基金项目资助（No. 41273190）
湖南省自然科学基金项目资助（No. 12JJ9023）
湖南科技大学学术出版基金资助

三维城市模型空间定量分析及辅助空间决策应用

李朝奎　编著

中国环境出版社・北京

图书在版编目（CIP）数据

三维城市模型空间定量分析及辅助空间决策应用/李朝奎编著. —北京：中国环境出版社，2014.7
ISBN 978-7-5111-1865-3

Ⅰ. ①三… Ⅱ. ①李… Ⅲ. ①地理信息系统—应用—城市空间—空间规划—研究 Ⅳ. ①TU984.11-39

中国版本图书馆 CIP 数据核字（2014）第 104943 号

出 品 人 王新程
责任编辑 李卫民
责任校对 唐丽虹
封面设计 金 喆

出版发行 中国环境出版社
（100062 北京市东城区广渠门内大街 16 号）
网 址：http://www.cesp.com.cn
电子邮箱：bjgl@cesp.com.cn
联系电话：010-67112765（编辑管理部）
010-67112735（环评与监察图书出版中心）
发行热线：010-67125803，010-67113405（传真）
印 刷 北京中科印刷有限公司
经 销 各地新华书店
版 次 2014 年 7 月第 1 版
印 次 2014 年 7 月第 1 次印刷
开 本 787×1092 1/16
印 张 6.5
字 数 98 千字
定 价 14.00 元

前 言

地理信息系统（GIS）区别于非地理信息系统的本质特点是GIS具有强大的空间分析功能，分析目的是辅助决策者进行空间决策，这也是建设GIS的根本目的和出发点。然而目前GIS在辅助决策支持方面的功能尚不尽如人意，尤其是以三维城市模型（3DCM）为核心内容的三维城市地理信息系统（3DUGIS）。3DCM的嵌入改变了城市空间信息的分布，影响了空间信息的传播规律，因而显著地增加了空间分析的难度。本书在分析设计过程、用户需求、典型程序及相应的计算机环境的基础上，以日照分析、电磁波传播为例，研究了基于3DCM的空间定量分析模型与辅助空间决策支持方法，提出了新的模型概念、决策支持所需要的数据内容和形式，并在此基础上开发了日照分析软件模块。本书研究的主要结论如下：

（1）三维城市地理信息系统（3DUGIS）的核心内容是三维城市模型（3DCM），3DCM的增值应用是3DUGIS建设的瓶颈问题。

（2）大众化应用是3DUGIS的根本目的，公众广泛参与的交互式辅助决策支持是大众化应用的有效方式。

（3）3DCM的辅助空间决策支持实质是3DCM（如地形起伏模型、三维建筑及其属性模型、Voronoi邻域模型和三维切面模型等）、数学模型（如空间统计模型、聚类分析模型和模糊分析模型等）、专题应用模型（如风场模型、电磁波与声波扩散模型和水流模型等）的集成应用。

（4）3DUGIS中的空间分析如距离、通视、日照、网路（道路、电力、通信）、统计等方面的分析，3DCM 对专题空间信息如噪声、大气污染等的影响分析是提供决策支持证据的有效手段。

（5）3DCM 辅助空间决策支持证据的获取可以借助空间信息的挖掘技术实现。

（6）辅助空间决策支持系统的设计采用模型库、数据库、方法库与 GIS 高度集成的模式，即开发基于 GIS 平台的 3DCM 辅助决策支持系统，以提高数据链接速度和决策效率。

GIS 的大众化应用是 GIS 的生命力所在。本书旨在激励业内人士对三维 GIS 的增值应用的研究兴趣，从而促进三维城市模型的深度研究与广泛应用。

本书在编撰过程中得到湖南科技大学科研助理冯志元和湖南科技大学研究生殷智慧、严雯英等的大力支持，他们在本书图表绘制与书稿校对过程中做了大量工作，在此深表感谢。

本书可作为地图学与地理信息系统专业研究生、城市规划专业和测绘及地理信息科学专业高年级本科生及工程技术人员的教学与工作参考资料。限于作者水平，书中错误在所难免，恳请读者批评指正。

作　者

2014 年 7 月 5 日

目　录

第 1 章　3DCM 空间定量分析及辅助决策概述

1.1　研究意义与进展

1.1.1　研究意义

一方面，随着三维城市模型（Three Dimension City Model，3DCM）的图形生成技术、多传感交互技术及高分辨显示技术的逐渐成熟，人们迫切要求在虚拟城市地理环境下进行 3DCM 的辅助空间决策应用，例如城市景观分析、房屋拆迁分析、台站设计、监视器位置设计、公安兵力布置等，使之成为城市规划、突发事件应急处理、反恐以及科学决策的重要手段；另一方面，以 3DCM 为基础的数字城市工程全面建设，使得 3DCM 的增值应用已经成为制约数字城市建设快速发展的“瓶颈”，迫切需要解决 3DCM 辅助空间决策支持证据的获取、证据表达与决策模式等应用基础理论问题。

3DCM 辅助空间决策支持要解决两个基本的理论问题：一是辅助决策信息/证据的获取；二是空间决策信息/证据的表达。对于上述两个问题，目前国内外的研究主要集中在非三维空间信息的获取与表达。虽然研究已经取得丰富的成果，但提供的证据模型与决策模型均未涉及空间数据的高程属性，因而存在着两个明显的缺陷：① 没有顾及几何 3DCM 及其对三维空间专题信息分布的影响；② 没有建立三维空间辅助决策支持信息/证据的表达方法与决策模式。因此，国内外很多学术组织与学术会议都把 3DCM 辅助空间决策支持的研究作为一个重要研究方向[1-3]。但是 3DCM 的辅助空间决策支持研究面临许多困难，首先是顾及 3DCM

的辅助决策信息的获取，其次是基于辅助决策信息的空间决策模型与方法。要解决上述问题，必须开展两个方面的研究工作：① 研究 3DCM 辅助空间决策支持证据的获取方面的基础数学模型；② 研究基于上述辅助空间决策证据的表达方法与决策模式。

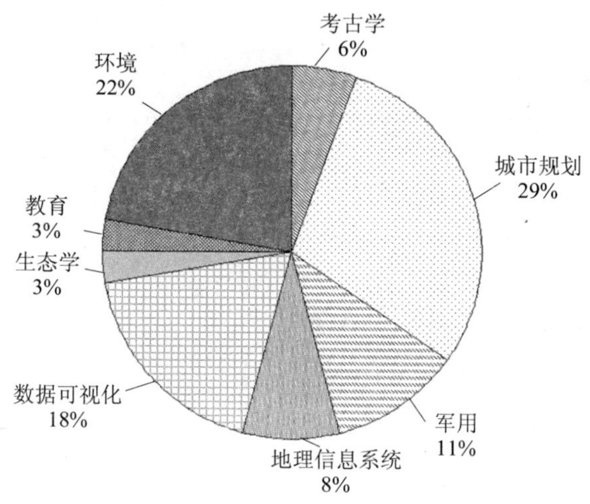

图 1-1 虚拟现实与 GIS 项目覆盖的应用领域

因此，“基于空间数据挖掘与知识发现（Spatial Data Mining and Knowledge Discovery，SDMKD）技术的 3DCM 辅助空间决策支持证据的获取方法”课题针对当前三维 GIS 研究的薄弱环节及功能缺陷，选择关系到 GIS 生命力的辅助决策支持问题进行研究，突出解决三维城市模型辅助空间决策支持的证据获取、证据的表达方式与决策模式、数学模型、专业应用模型与 3DGIS 的集成方法等基础理论问题，这对提升现有 3DCM 的增值应用功能，特别是增强数字城市建设的生命力具有非常重要的理论意义和紧迫的现实意义。

1.1.2 研究进展

现有的 GIS 都缺少对复杂空间问题决策的有效支持能力[4]。20 世纪 80 年代中后期以来，以 GIS 和 DSS 为基础形成的新型空间决策支持系统（Spatial Decision Support System，SDSS）备受国内外学者的广泛关注与重视。其中针对二维空间数据辅助决策支持的研究成果较多，主要集中在如下几个方面：

（1）模型库的建立。模型是 SDSS 的核心，包括决策模型和空间分析模型。不同的应用对象、不同决策层次的模型不一。这方面的研究中，国内学者黄跃进等[4]研究了空间决策支持系统中模型的存储与组织方式，讨论了基于 Agent 的模型自动生成、运行与修改方法；在 GIS 领域，荷兰学者利用 2D 空间数据，借助电子地图建立销售、建筑物影响、车辆导航等决策模型，相关的研究成果总结在文献[5-8]中；陈崇成等[9]针对 SDSS 的特点提出模型群组—模型体系—模型库的建模方法，为模型库的组织与生成提供崭新思路。这方面进一步的研究是顾及空间数据高程属性的模型库的建立。

（2）知识/证据的获取与建库。知识/证据是决策的基础，它包括与空间信息相关的数据、数值、文字、图表、图形、图像、知识、规律等。证据不同于 GIS 中的源数据，其来源有三：① 从源数据中获取；② 决策人的先验知识、效用与偏好；③ 借助模型分析获取。因此，一方面要借助相关的分析方法和技术，比如 SDMKD 技术获取相关的辅助决策证据；另一方面要对多种类型的决策证据进行转化、融合与集成以形成新的证据库。这方面的研究中，英国伦敦大学学院（University College London，UCL）的高等空间分析中心在 JISC 的资助下进行了 VENUE 项目的研究。该中心的 Dr Bin Jiang 和 Martin Dodge[10]研究了辅助决策支持的分析设计[11]、形态分析[12]方法。R. Sivacoumar，K. Thanasekaran[13]详细研究了公路附近车辆污染的统计模型，用高斯有限元线源模型（类似神经网络）描述公路附近汽车尾气的扩散，给出建模方法及所需的相关数据；Yilmaz Yildirim，Nuhi Demircioglu，Mehmet Kobya，Mahmut Bayramoglu[14]研究了城市二氧化硫的污染问题，建立了城市空气质量评估的非线性模型；德国斯图加特大学的“景观规划与生态研究所”专门从事基于 3DGIS 的生态与环境规划研究。该所 Dipl，Geogr，Markus Müller[15]，Monika Ranzinger 和 Gunther Gleixner 等[16]详细讨论了大气污染、风场及污水流动等模型建模所需要的 3D 空间数据，给出了相应的建模步骤；日本 Tsuyoshi Horiguchi 和 Takehito Sakakibara[17]研究了交通流量模型的数字仿真问题，通过建立交通流量模型，辅助分析交通高峰期的车速；加拿大学者[18]讨论了城市密度对电磁波传播的影响。我国学者王桥等[19]借助 GIS 建立区域规划模型，讨论了二维模型的建模方法及各种预测模型；张伟等[20]从城市规划的角度研究了区域模型系统，实现了人口、经济、城市增长的模型功能；马爱军等[21]研究了决策支持信息的集成问题，给出多源、多尺度、不同格式和不同生命周期的决策支持信息的融合方法。该领域的进一步研究方向是如何获取 3DCM 环境下辅助决策支持的证据（信息），因为 3DCM 的引入，改变了空间信息的分布规律，例如建筑物改变了噪声在自由空间的传播规律；要从海量的原始信息中寻找到上述规律/知识，必须利用 SDMKD 的有关理论与方法。

（3）GIS 与应用模型的集成。应用模型的存在形式有四：① 源代码形式；② 函数库形式；③ 可执行程序；④ 模型库形式。相应的集成方式有：源代码方式、函数库方式、可执行程序方式、模型库方式以及 DDE 和 Active X 方式。对于该问题的研究，我国学者徐冠华[22]提出将证据模型、决策模型集成于 GIS 以建立分析型 GIS；闾国年等[23]实现了将数据库、模型库、知识库融入 GIS 的方法；本书作者[24]将太阳运动方程与数码城市 GIS（CCGIS）集成，研究了三维城市模型辅助日照分析。该方向有待深入研究的问题是：3DCM、数学模型、专题应用模型的集成模式。

（4）基于 GIS 的 SDSS 平台的开发与应用。GIS 的元数据和综合分析数据是辅助决策的基础，SDSS 是在 GIS 的基础上融入了模型库和方法库后形成的决策支持系统。SDSS 是一个非常复杂的系统，除了上述问题外，还要解决多种数据集成、空间数据的相互转化、空间数据基础设施及专题信息的动态加载、模型库与数据库的通信机制等问题。我国学者阎守邕[25]、王挺[26]等开发并初步实现了 SDSS 的功能；意大利、中国台湾、中国澳门学者从不同的角度研究了 GIS、SDSS 中模型的集成问题[27-30]。这里的关键问题是如何实现在 GIS 与 SDSS 之间进行空间数据、模型、专题数据的互操作问题。

由此可以看出：尽管二维空间数据的辅助空间决策支持已经在多个国家、从不同的侧面广泛开展研究，但真正意义上的 GIS 辅助决策支持功能还有待进一步完善。

3DGIS 环境下的辅助决策支持是一个比 2DGIS 环境下的辅助决策支持更为复杂的问题，其原因是：① 3DCM 的建立完全扰乱了城市空间专题信息比如日照、噪声的正常分布规律，从而使得辅助空间决策信息/证据的获取更加困难；② 专题数据如电磁波、大气污染物等的引入，使得 3DCM 的辅助空间决策支持需要多学科交叉研究，因而增加了应用建模分析的难度。针对 3DCM 辅助空间决策支持的研究，目前尚无相关成果报道。本课题的研究，旨在建立一种顾及 3DCM 的 3DGIS 辅助空间决策支持的新方法。这种方法的特点是：借助空间数据挖掘与知识发现技术，寻找 3DCM 影响下专题空间信息的分布规律，运用三维可视化技术将上述分布规律进行可视化表达，据此进行可视化决策。

空间数据挖掘与知识发现（SDMKD）是一种基于空间统计理论、证据理论等的规律寻找方法，如统计方法、神经网络方法、遗传算法、可视化方法等[31]。SDMKD 起源于对数据库的研究。1989 年第十一届国际联合人工智能学术会议上首次提出数据挖掘与知识发现（Data Mining and Knowledge Discover，DMKD）概念。国外，DMKD 方法已经在金融、保险、电信及市场营销等领域成功运用。1994 年，李德仁院士[32]首次提出 SDMKD 概念，随后在他和李德毅院士的倡导和指导下国内学者开展了相关研究工作。SDMKD 适用于在 3DGIS 中发现 3DCM 与多种空间专题信息的耦合规律，从而定量地描述不同空间位置的信息分布，有望成为 3DCM 辅助空间决策证据发现的新方法。

可见，3DCM 辅助空间决策支持除了需要继续完善上述四个方面的工作外，还应重点解决以下两个问题：① 3DCM 辅助空间决策支持证据获取的基础数学模型；② 空间决策证据的表达方法及辅助决策模式。

1.2　研究内容及研究方法

1.2.1　研究内容

（1）决策证据获取的数学模型研究

证据是决策的基础。3DCM 的引入，改变了空间信息如噪声、电磁波的分布规律，为了获取现有城市空间环境中的信息分布，必须建立 3DCM 对空间信息分布影响的数学模型，比如空间统计分析模型、时间序列模型等，从而解决具有空间关联的数量问题，如空间自相关模拟与分析。由于3DCM是在2D图形的基础上加入高程属性，因此在现有模型如拟合推估模型、配置模型、非线性时间序列模型、马尔柯夫模型等的基础上扩展，使之适合于描述空间信息的分布规律。

（2）决策证据的表达与决策模式

决策模式包括可视化决策、优化决策等。优化决策是基于多证据指标，以决策者的偏好与效用为目标进行决策方案寻优。这种模式的决策可以分为三类：①结构化决策；②非结构化决策；③半结构化决策。基于知识与证据的决策是人机交互的过程，也就是从半结构化向结构化转化的过程。可视化决策是借助三维可视化技术、虚拟现实技术、工业仿真技术，将得到的辅助决策证据进行三维可视化表达，从视觉上辅助决策。空间决策涉及空间关系，因此要给出3DCM影响下空间信息分布的变化情况，例如与噪声源距离不同区域声强的分布变化，所以对决策证据进行三维可视化表达，建立一种可视化的决策模式是本课题研究的主要内容之一。

（3）专业应用模型、基础数学模型与3DGIS的集成

三维城市模型（3DCM）是城市虚拟地理环境的主要内容，它包括地形起伏模型、三维建筑及其属性模型、Voronoi邻域模型和三维切面模型等，3DCM在3DGIS中可以实现无缝漫游；专业应用模型涉及具体物理量的变化规律，描述这种规律的模型是嵌入GIS还是独立于GIS，取决于决策效率；数学模型是描述专业应用模型被3DCM污染或损伤后的模型。上述模型与GIS的集成方式主要有三种形式：①决策支持模型嵌入GIS，作为决策分析的模型库；②GIS嵌入决策支持模型库，作为决策分析支持的源数据库；③GIS与决策支持模型紧密集成，即GIS与模型库共享源数据库。3DGIS数据量大，因此要研究支持快速、高效决策分析的决策数学模型、专业应用模型与3DGIS的集成方式。

（4）证据获取方法在噪声污染及电磁波传播中的应用

将研究得到的模型编写成可执行代码，封装成组件引擎挂接在CCGIS中。将获取的3DCM、噪声信息、模型信息输入CCGIS，研究噪声信息分布的特征及受3DCM影响的变化，由此检验模型的可靠性与灵敏性、系统集成的效率等。本书作者通过参与的数字深圳示范工程获取了丰富的三维空间数据，结合本书研究成

果可以检验大气噪声污染、电磁波传播等空间模型的有效性。

1.2.2　研究方法

（1）决策支持证据的获取模型

SDMKD 技术涉及空间统计、证据理论、时间序列等基本支持理论。将 SDMKD 方法的理论模型进行改造，并应用于空间决策支持证据的获取，即描述 3DCM 对专题信息空间分布的影响规律，从而获取不同空间位置的专题信息量，辅助空间决策。三维城市模型（3DCM）包括 DEM、3DBM（三维建筑模型）、三维植被模型等，均是以数据（模型）的方式存储在 GIS 中；三维空间专题信息可以描述为：$V=f(x, y, h, t)$，当平面坐标 x，y 恒定时，信息量 v 随高度 h、时间 t 的变化而变化，例如大气污染物的浓度分布。因此可以借助时间序列模型描述 V 与 h、t 之间的关系，然后利用函数拟合与空间插值等方法获取 V。由于空间信息很难被重复采样，且信息间的依赖性强，因此可以借助空间统计理论研究用随机过程模型描述的以空间位置为自变量的专题信息的随机分布。3DCM 的材质、线度、结构不同，其对空间信息分布的影响具有明显的不确定性、随机性和非线性等特点，因此本课题的研究还将借助证据理论研究城市大气噪声传播、电磁波传播等多源辅助决策信息的合成问题，通过建立相应的空间统计分析模型，运用证据合成理论求解决策支持证据。

（2）决策证据的表达方式与决策模式

决策证据的表达方式取决于决策模式。借助地形的三维可视化技术、虚拟现实技术、仿真技术，针对辅助空间决策支持证据的特点，重点研究将空间决策证据进行三维可视化表达，利用 Open GL 的拾取机制实现在 3D 场景中对 3DCM 的交互操作，从不同的角度观察 3DCM 对专题信息分布的影响，据此进行可视化决策；如与噪声声源距离不同的区域，其噪声强弱不同，且噪声的空间分布随 3DCM 的几何尺度、密度、空间位置、材质、考察域的高度、考察时间、声源强度、声源空间位置的不同而异。由上述参数构建的空间动态分布函数能描述噪声在空间每一点的强度，对该强度赋予一定的灰度值，用一种或多种色彩进行表示，决策者就可借助既有的经验和偏好，辅助视觉决策。

（3）数学模型、专业应用模型与3DGIS集成

这里有三个基本问题：① 多种数据与模型的标准化问题；② 模型库与数据库的通信机制问题；③ 模型的共享与安全问题。数学模型用于描述被3DCM破坏下的专题空间信息的分布规律，专业应用模型是对专业信息的空间分布的描述，例如电磁波传播方程。3DGIS中包含有多源、多尺度、不同结构、不同生命周期的数据。数据库与模型库是独立存取，但模型与数据之间存在不同的映射关系，因此要通过一定的组织结构的存储形式，将多个模型和海量三维数据组织起来，提高模型与数据的组合能力，采用组件化方法实现数学模型、专业应用模型、3DCM、专业信息与GIS数据库的有效集成，使模型、方法和数据融为一体。

（4）典型应用与模型检验

可基于本书提出的模型与方法，研究方法与模型的具体应用，特别是研究决策证据获取模型的检验和专业模型、数学模型、3DGIS的集成方法，实验可以采用国产三维GIS软件CyberCity平台（缩写为CCGIS），检验相应的应用功能。理论检验包括方差检验、可靠度检验、灵敏性检验等；实践检验要利用已有的三维空间数据（模型）和决策对象的相关信息，反演模型参数，提高模型的准确度。

上述研究思路可以直观地表达为图1-2。

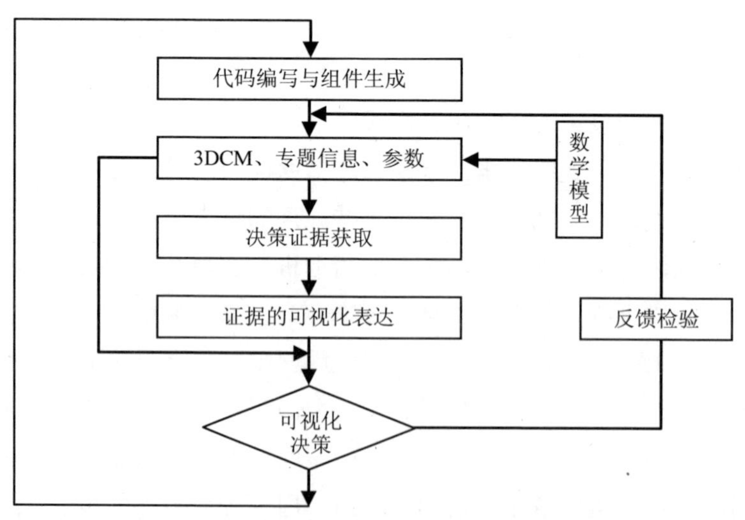

图1-2 3DCM辅助空间可视化决策研究路线

1.2.3　关键问题

（1）3DCM 辅助空间决策证据获取模型的建模问题。该问题是 3DCM 辅助空间决策支持从理论走向实用的关键。

（2）空间决策模式与决策支持证据的表达方法。该问题是 3DCM 辅助空间决策支持理论走向完善、实用的重要环节。

1.3　本章小结

本章详细介绍了 3DCM 空间定量分析及辅助决策研究的意义及国内外研究现状。针对目前研究存在的不足，提出了本书的研究内容及研究方法，并对研究中的关键问题进行了详细阐述。

第 2 章　3DCM 空间定量分析及辅助空间决策基础

2.1　数据、信息与知识的概念

数据、信息、知识是目前流行的科技术语，然而三者之间既有联系，又有明显的区别。数据（Data）是关于客观事物的属性、数量、位置及其相互关系的符号描述，是信息的载体，相同的数据可以代表不同的信息，例如重 20 kg、长 20 km 等。信息是对数据进行的具体解释，同一个信息在不同的场合下可以用不同的数据进行表示。例如高个子这一信息，对于不同的参照标准，其具体数据不同；知识（knowledge）是一个或多个信息关联在一起形成的有应用价值的信息结构，例如月亮绕地球运动就是人类在获取的多个信息的基础上得出的结论性知识。从数据到信息是一个数据处理过程，包括查询、统计、特征提取等，在数据库管理系统中通过查询和统计功能实现；从信息到知识则是一个认知过程，例如通过长期的认知和总结，人类发现地球自转一周需要一天时间，公转一周为一年时间。数据、信息、知识三者间的关系如图 2-1 所示。

2.2　空间数据挖掘与知识发现技术

数据挖掘（Data Mining，DM）一般是指从大型数据库的数据中提取隐含的、事先未知的、潜在有用的知识。这些知识表现为概念、规则、模式等形式。DM 出现的技术背景是：① 计算机技术、互联网技术快速发展；② 数据库技术成熟，且数据资源非常丰富。当人们感到传统数据分析方法无法应对海量数据时，DM

技术在相关技术如人工智能、机器学习、统计分析、模糊逻辑、人工神经网络等方法的融合中出现了。

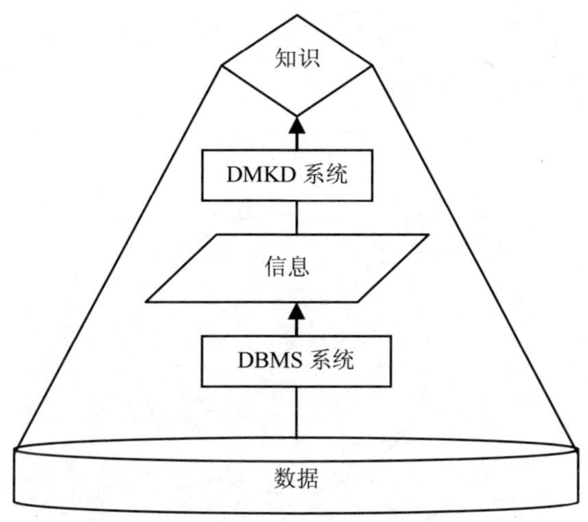

图 2-1　数据、信息与知识的结构关系 [33]

空间数据挖掘（Spatial Data Mining，SDM）是 DM 在智能化 GIS 中的具体应用，是 DM 的一个新的研究分支，是从空间数据库中挖掘、发现系统中内在的、有价值的信息、规律和知识的过程，包括空间模式与特征、空间与非空间数据之间的概要关系等。

SDM 与一般 DM 的区别在于：① SDM 针对空间数据库，其数据包含属性数据、几何数据和关系数据，比如拓朴关系、度量关系、方位关系；② SDM 侧重在机理不明的情况下对数据本身分析上的规则、规律的发现与提取；③ 发现的知识必须符合统计检验规律。

可见从 KDD 到 DM，再到 SDM，其内涵逐渐丰富，外延逐渐减小。图 2-2 表示三者的外延关系。

知识包括规律性知识和事实性知识。知识发现主要是指应用 DM 技术寻找隐藏在大量数据和数据库中的规则性知识，包括几何知识、空间分布规律、空间关联规则、分类规则、特征规则、区分规则、演变规则和面向对象的知识等。SDM 的概念模型如图 2-3 所示。目前空间数据挖掘与知识发现的主要方法有统计、归纳、空间分析、聚类、关联、探索分析、云理论、神经网络、模式识别、证据理论、Rough 集方法、可视化、模糊集理论、遗传算法等。其中空间统计理论、证据理论是最新引进到信息分析领域的新理论，与时序分析理论一道构成 3DCM 辅助空间决策证据获取的理论基础。[34，35]

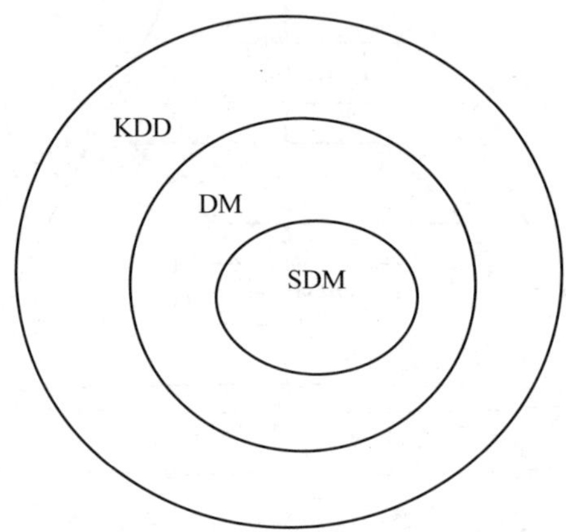

图 2-2　KDD、DM、SDM 的外延关系

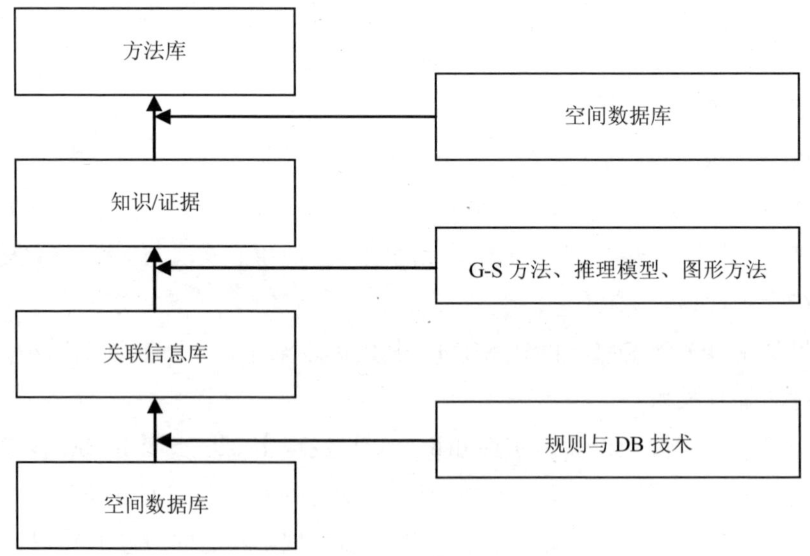

图 2-3　SDM 的概念模型

2.2.1 空间统计理论

空间统计学又称地学统计学，是一门起源于矿业领域的应用数学。这种方法的目的是克服经典统计学应用于空间数据处理时存在的一些问题。南非学者 Kriging 最初提出其萌芽思想，后经法国数学家 G. Matheron（同时又是数学形态学的创始人）从随机过程的理论出发进行彻底的改造和完善，并于 20 世纪 70 年代末、80 年代初引进到我国。在西方有关地理信息处理的文献中，这种方法经常被用于 GIS 和遥感数据的处理，并将其作为遥感信息处理的一个数学模型[36]。总结起来，在以下几个领域经常使用：① GIS 空间分析[37]；② GIS 不确定性研究[38]；③ DEM 数据质量评价[39-43]；④ 遥感影像处理[44-49]。可见，这种方法的应用几乎涵盖了所有地理信息处理领域。空间统计学应用于遥感信息处理开始于 80 年代后期，由 Woodcock 和 Curren 等开创先河[11, 45]，此后一直有大量的文献出版，并将其作为一种常规的处理手段。然而，在我国将这种方法应用于地理信息处理的研究仅有个别的报道。空间统计学的主要内容包括：① 变差函数的性状研究以及理论模型；② 各种 Kriging 插值法的理论和应用研究；③ 条件模拟；④ 多变量空间统计学；⑤ 非线性非平稳空间统计学等。后面两项属于高等空间统计学的范畴，涉及的数学基础比较广泛。空间统计学和其他描述地球空间数据特性的方法，如分形理论描述地球表面的粗糙度方法、基于小波的空间现象多尺度性的描述方法共同构成空间统计学的研究内容。

变差函数是一切应用空间统计学的基础。在空间统计学中，以三维空间坐标（x，y，z）为自变量的随机场称为一个区域化变量，它是空间统计学的研究对象。地形标高、遥感数据、大气污染量、海底深度等都是区域化变量的例子。由于区域化变量的特殊性，传统的概率统计方法应用面显得太窄，于是在空间统计学中引入了变差函数的概念。设三维空间中位于 x 点的区域化变量为 $Z(x)$，在 $x+h$ 点处的区域化变量是 $Z(x+h)$，则变差函数定义为[50]

$$V(x+h)=E[X(x)-Z(x+h)]^2/2-\{E[Z(x)]-E[Z(x+h)]\}^2/2 \qquad (2\text{-}1)$$

式中：$E[Z(x)]$表示$[Z(x)]$的数学期望。实质上，上式表示区域化变量 $Z(x)$

和 Z（$x+h$）差的方差。在实际计算中，一要对上述公式离散化；二要作出二阶平稳性假设，即① 区域化变量的数学期望存在且为常数；② 区域化变量的协方差函数存在且平稳（只依赖于 h 而与位置无关）。严格的平稳性假设在地理信息处理中是不存在的，即使是二阶平稳性假设也未必存在，因此又有比它更弱的本征假设。由于区域化变量就是以三维空间坐标为变量的随机场，因此区域化变量 Z（x）的自协方差函数定义为在两个空间点 x 和 $x+h$ 处的两个随机变量 Z（x）和 Z（$x+h$）的二阶中心矩，即

$$\mathrm{cov}[Z(x), Z(x+h)]=C(x, x+h)=C(h)=E[Z(x\times Z(x+x))-E[Z(x)]\times E[Z(x+h)] \quad (2\text{-}2)$$

上式简称为 $Z(x)$的协方差函数。当 h =0 时，$C(0)=E[Z(x)]^2-\{E[Z(x)]\}^2$，即为 $Z(x)$的验前方差函数。变差函数和协方差函数之间的关系为

$$V(h)=C(0)-C(h) \quad (2\text{-}3)$$

式中：$C(0)$是验前方差。上式表明：从协方差函数可以推出变差函数，从而表明在刻画区域化变量的统计特征时，变差函数比协方差函数具有更一般的意义。实际上，在某些实际问题中，协方差函数不存在，但变差函数可以存在且是平稳的。空间统计学由于顾及了空间数据的相关性，因而在空间数据统计和预测方面比传统统计学方法更加合理而有效，对空间数据发掘的贡献更大。

2.2.2 证据理论

证据理论又称为 Dempster-Schafer 理论，是经典概率论的一种扩展形式。该理论首先由 Dempster 于 20 世纪 60 年代提出，1976 年，Schafer 出版了《证据的数学理论》一书，标志着证据理论的诞生。其贡献是划清了不确定与不知的界限。

证据理论的基本问题是：设对于某判别问题，我们所能认识的可能结果用集合Ⓗ表示，有一批证据 E，使得在Ⓗ上产生了 i 个基本的可信度分配 m_i，由 Dempster 合成法则可得到 m（A），由此得到可信度函数 Bel（A），此即证据 E 支持判决结果的真实程度。

Anand S.S.等于 1996 年提出了一个基于证据理论的通用数据挖掘架构 EDM，

该架构由两大部分构成：① 表达数据和知识的数据 mass 函数和规则 mass 函数；② 用于发现知识的 mass 函数算子。其基本操作思想是：先将关系数据模型映射到 EDM 框架中，关系模型中的关系对应 EDM 中的搜索空间，经过映射，从数据库中发现知识就变为以数据库中的证据为基础，在前件识别框架中选择特定的规则前件值，从后件识别框架中选择适合的后件值。因而，数据库中知识发现的过程就变为对数据 mass 函数和规则 mass 函数的一系列运算。

2.3　3DCM 辅助空间决策证据的挖掘与发现

Schafer 指出：在证据理论中，证据指的不是实证据，而是我们的经验和知识的一部分，是我们对该问题所做的观察和研究结果，它是我们决策的基础。这种经验和知识往往是隐藏在数据和现象背后的规律性的东西，只有通过相应的途径才能获得。在 3DGIS 中，三维城市模型（3DCM）包括建筑模型、植被模型、DEM、截面模型等主要内容，且以一定的数据结构形式存储在数据库中，3DCM 能影响和改变空间信息的分布与传播规律，例如大气污染分布、电磁波的传播与覆盖等，影响程度与 3DCM 的材质、高度、形状、3DCM 与噪声声源的相对位置关系、噪声的强度等有关。要了解并掌握这种影响规律，并进行科学的规划、模拟与预测，必须借助相应的模型进行分析，找出辅助决策的证据即规律。

基于 3DCM 的辅助决策证据的挖掘与发现方法大致可以分为：① 以空间信息泛化为目标的数据挖掘；② 以空间关联发现为目标的数据挖掘；③ 以空间聚类为目标的数据挖掘。上述方法在数据库查询技术、网络搜索技术中都有不同程度的应用，其规则基础源于逻辑数学。

3DGIS 中存储着海量的矢量信息与属性信息，及用于决策分析的多种专题信息，只有对上述信息之间的相互影响关系形成一种规律性的认识，才能提供必要的决策支持，因此要借助上述数据挖掘与知识发现方法，但不限于上述方法，以寻找 3DCM 与特定空间信息之间的互动关系即决策支持证据，辅助空间规划与决策。

2.4 本章小结

本章首先介绍了数据、信息与知识的概念，重点讲述了三者之间的联系与区别。其次对数据挖掘、空间数据挖掘、知识发现进行了简要介绍，通过对概念的剖析，阐述了三者之间的区别与联系。进一步对空间统计理论和证据理论的发展进行归纳，重点介绍了空间统计理论的应用领域及包含的基本内容，以及证据理论的架构和基本思想。最后通过对基于 3DCM 的辅助决策证据的挖掘与发现方法的总结，提出在进行辅助空间决策规划时，须借助并综合运用多种数据挖掘与知识发现方法，找出辅助决策的证据即规律。

第 3 章　3DCM 空间定量分析方法与辅助空间决策模型

3.1　3DCM 辅助空间决策的相关概念

3.1.1　地理信息系统（GIS）与空间决策支持系统（SDSS）

地理信息系统与空间决策支持系统在功能上既有区别又有联系，在讨论 3DCM 的辅助空间决策之前，有必要对其加以区别，以免混淆。美国联邦数字地图协调委员会（FICCDC）对 GIS 的定义是：GIS 是由计算机硬件、软件和不同的方法组成的系统，该系统设计用来支持空间数据的采集、管理、处理、分析、建模和显示，以便解决复杂的规划和管理问题。GIS 本质是一个数据丰富但理论贫乏的系统。GIS 采集、管理、处理、分析、建模的对象是原始数据，一般不能作为空间应用决策证据，虽然经过分析后得到的部分数据可以作为初步决策的证据，但毕竟有限。加拿大学者 Jacek Malczewski 对空间决策支持系统的定义是：SDSS is an interactive，computer-based system designed to *support* a user or group of users in achieving a higher effectiveness of decision making while solving a semi-structured spatial decision problem，即空间决策支持系统是一个互动的、基于计算机设计的支持用户或用户群取得高效率的半结构化空间决策问题的解决系统。这里半结构化空间决策问题（semi-structured spatial decision problems），有效性（effectiveness）和决策支持（decision support），体现了 SDSS 概念的实质。GIS 以数据库为驱动核心，在分析、推理、模拟方面的功能较弱；SDSS 以模型库为驱动核心，具有较强的推理功能。SDSS 的发展首先起源于对位置决策的支持，起初的研究集中在对最优空间位置或空间格局的搜索。

SDSS 是 GIS 与决策支持系统（DSS）进一步发展融合形成的新型信息系统。GIS 为 SDSS 提供源数据和一次建模数据，例如 DEM，几何 3DCM，植被模型等。SDSS 是 GIS 功能的延伸与发展。因此 SDSS 可以独立于 GIS，也可以与 GIS 集成。目前以 GIS 为平台的空间决策支持系统正在广泛的研究中[51, 52]。

3.1.2 空间分析（SA）与空间决策支持（SDS）

空间分析（Spatial Analysis，SA）是指从空间元数据中提取隐含信息，获得派生信息和新知识的手段的总称。其目的是为综合评价、规划、决策、预测等服务。空间分析使得地图图形信息和各种专业信息的利用深度及广度大大增强。二维空间分析方法见图 3-1。

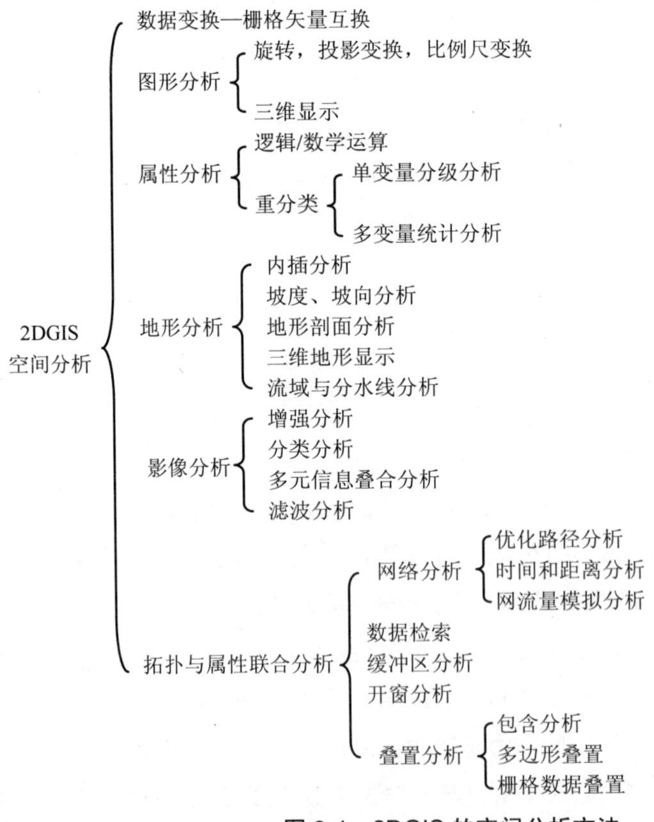

图 3-1　2DGIS 的空间分析方法

空间决策支持（Spatial Decision-making Supporting，SDS）是应用空间分析的各种手段对空间数据进行处理变换，提取出隐含于空间数据中的某些事实与关系，并以图形和文字等形式直接地加以表达，为现实世界中的各种决策应用提供科学、合理的决策支持所需要的数据、信息和背景材料，帮助明确决策目标和进行问题识别，建立、修改决策模型，提供各种备选方案，并对各种方案进行评价和选优。空间决策支持分为三种形式：① 数据级的决策支持；② 模型与方法级的决策支持；③ 方案级的决策支持。GIS 只能提供数据级支持，不能提供实质性的决策方案，且难以求解复杂的结构性较差的空间决策问题。因此需要研究空间决策支持的有关问题。图 3-2[53]是空间决策支持系统的一般组成。

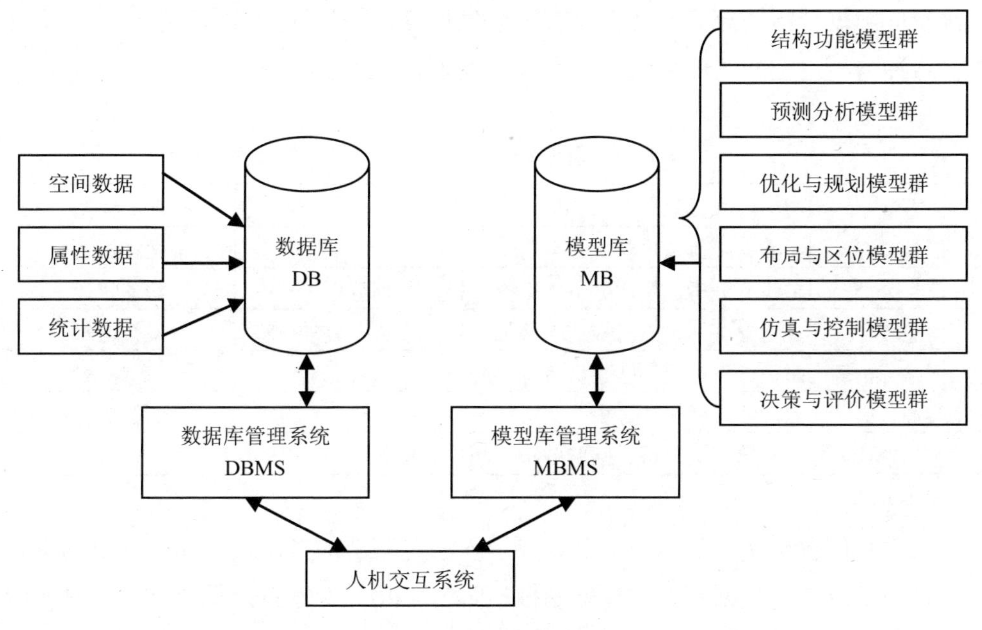

图 3-2　空间决策支持系统

辅助决策支持需要两类信息：① 决策者的经验、知识、倾向、偏好等；② 研究对象的各类特征参数。空间分析的手段直接融合了数据的空间定位能力，并能充分利用数据的现势性特点。因此运用空间分析的各种方法提取和挖掘隐含在空间数据内部的规律，或者 3DCM 对环境信息分布的影响规律，可为决策支持提供更加符合客观现实和更具有合理性的决策证据。可以说空间分析是决策支持的理论基础和实践前提，决策支持是空间分析结果的实践运用与检验。

3.2 基于 3DCM 的辅助空间决策证据获取模型

3.2.1 现有空间分析理论的简要回顾

地理信息系统存储的数据具有原始数据的性质，用户根据不同的使用目的对数据进行任意提取和分析。采用的模型和方法不同，所得到的结果会有很大差异。二维空间数据分析的经典方法主要有：信息量算，信息分类，信息叠合，网络分析，缓冲分析，空间统计分析等。表 3-1 列举了经典分析方法及其理论支持。

表 3-1 2DGIS 的经典分析方法及其理论支持

方法	内　　容	理论支持
信息量算	质心、几何、形状	平面解析几何
信息分类	主成分分析、层次分析、聚类分析、判别分析	数理统计
信息叠合	多边形叠加、点与多边形叠加、线与多边形叠加	集合运算
网络分析	路径分析、地址匹配、资源分配	运筹学
缓冲分析	点、线、面缓冲分析	平面解析几何
空间统计	空间自相关分析、回归分析、趋势分析	数理统计

随着空间分析研究的深入，理论界引入了一些新的方法，例如元胞自动机、空间动力学方法、数据仓库与数据挖掘、时态 GIS、专家系统等。这里只对元胞自动机、空间动力学方法做简要说明，其他方法参考有关文献[54]。

（1）元胞自动机

元胞自动机（Cellular Automata，CA）是定义在一个由离散的、有限状态的元胞组成的元胞空间，按照一定的局部规则，在离散时间维上演化的动力学系统。其最基本的组成包括元胞（Cell），元胞空间（Lattice），领域（Neighbor），规则（Rule）。元胞自动机可以视为由一个元胞空间和定义在该空间的变换函数

组成，即

$$G=（L_d，S，N，f）\tag{3-1}$$

式中：G 表示元胞自动机系统；L 表示格网空间，每个格网单元就是一个元胞（cell）；d 表示维数；L_d 表示元胞空间；S 表示状态集；N 表示元胞的邻域集合；f 表示规则。CA 在城市增长、扩散、土地利用演化模拟方面研究最早，也是其研究热点。

（2）空间动力学

空间动力学（Spatial Dynamics，SD）是从系统论的角度研究系统内个体行为对系统行为的影响。该理论将系统的行为分为三个过程：

Process1：系统内一个单元的个体向另一个单元迁移；

Process2：单元内个体的出现与灭绝；

Process3：系统与外界的要素交换。

上述过程用微分形式表示如下：

$$\frac{\mathrm{d}S_i}{\mathrm{d}_t}=f(\text{Process1},\text{Process2},\text{Process3})\tag{3-2}$$

式中：S_i 为 i 单元的“库存”；d_t 表示对时间求导数。SD 要求根据决策的政策和系统的因素建立系统模型，通过对实际系统的模拟来分析政策对系统的作用。该法从控制目的出发，对各项重大决策进行仿真实验，预测未来的发展变化。

3.2.2 3DCM 辅助空间决策证据获取的数学模型

决策与决策支持是两个不同的概念范畴。决策是决策者依据效用理论和偏好对决策信息进行分析和比较的主观能动过程；决策支持是通过仿真模拟、计算和知识挖掘，为决策提供文字、图表、图像、数字等决策信息的过程，其实质是运用数学方法进行空间分析与空间规划。电磁波传播、噪声、空气污染等与地面实体的几何空间尺度与形态有关的空间分析问题是本课题研究的重点，因为它直接涉及地形模型、建筑模型等对上述信息分布的影响。这涉及多学科的应用问题，这里仅从数学的角度谈论模型与方法问题。

（1）优化与规划模型

包括线性规划和非线性规划、多目标规划、动态规划与静态规划、协调分解规划等。城市规划中的区域选址问题，最短路径的优化问题等都要运用到规划模型。规划模型是优化决策的理论基础。

（2）空间统计模型

统计模型是预测支持的基本模型。统计模型包括回归模型、时间序列模型、随机过程、拟合配置、滤波、灰色模型 GM（1，1）等。其建模方法分为白箱法、黑箱法、灰箱法等。区域规划中的人口增长、经济增长、噪声污染等问题需要借助统计模型进行决策支持。

（3）空间动力学模型

空间动力学模型是在系统动力学模型的基础上发展起来的。系统动力学模型是从系统论的角度，将非线性动力学理论包括混沌理论、非线性时序理论等引入城市系统行为分析所建立起来的数学分析模型。空间动力学模型在此基础上融入了空间结构动力学与个体空间行为，因而能更加全面地描述系统的特征。空间动力学模型在城市用地增长、城市大气污染、城市经济发展、生态环境的模拟与预测中有较多的应用。

3.2.3 3DCM 辅助空间决策证据获取模型的建模方法

证据是决策的基础，数学模型是获取证据的重要途径。从信息获取的角度看，要精确地量化 3DCM 对环境空间信息和能量传播造成的损失是困难的。这是因为不同的 3DCM 对于信息、能量的反应方式不同。

前面谈到，3DCM 辅助空间决策证据的获取主要涉及与 3DCM 有关的空间信息的分布及其变化。空间信息的分布通过求解相应的空间数学模型得到，例如叠置分析模型、邻域分析模型、距离衰减模型、网络分析模型、多元统计模型、周期过程分析模型、马尔柯夫过程模型、空间自相关模型、趋势面分析模型、主成分分析模型等。这里就有一个问题，是不是上述每个模型都适合于求解空间决策证据？事实上，空间决策证据的获取与一般的空间分析还是有一定区别的。前者侧重于3DCM对其他空间信息分布的影响，后者侧重于空间信息自身的相关关系。

这样一来，我们可以将 3DCM 本身作为一种信息元，研究其与周围环境信息的相互作用、相互影响规律。换言之，3DCM 是对均匀介质中信息分布模型的损伤。

目前数学建模方法有三种主要模式：① 离散模式；② 随机模式；③ 动态模式。我们知道，要获取空间环境中噪声、大气污染、电磁波覆盖、景观分析等信息，就要研究三维空间分析模型（如地形起伏模型、三维建筑及其属性模型、Voronoi 邻域模型和三维切面模型等）与基本的数学模型（如空间统计模型、聚类分析模型和模糊分析模型等）、物理模型（如风场模型、电磁波与声波扩散模型和水流模型等）的集成应用，突出强调在这些分析中空间数据的输入内容和融合方式。比如研究城市环境规划问题，除 DEM 数据以外，还需要三维地理数据，如与高度相关的大气层的空气污染信息、地质信息、地下水信息、温度、人口密度等。当然这里的主要议题是 3DCM 对上述空间信息的分布影响，而往往上述信息的物理模型又是确定的，因此数学模型及其建模方法成为本节讨论的主要内容。

（1）多元统计分析建模法

统计方法能够充分利用历史数据建立分析模型，能对未来一段时间内事物的发展做出较准确的外推预测。但因事物变化的复杂性，一因多果、一果多因的情形经常见到。例如影响大气污染的因素可能有多个，而其中每个因素可能不止产生大气污染一方面的影响。在人们对事物的因果关系无多少先验信息的情况下，在收集资料时总要广纳因果变数，但随着变量的增加，会产生一些实际难题，如：① 计算量迅速增大；② 维数祸根；③ 统计稳健性变差；④ 数据的正态性变差（变量之间的相关性影响）。对于多变量非线性统计分析问题，理论界已经建立了一些新的方法，例如神经网络方法、投影追踪法、偏最小二乘回归分析法、主成分分析法等。本书将对非线性多元统计方法采用投影降维方法进行分析[55]。多元统计建模方法用于电磁波场强覆盖预测，通过找出各种地形地物下的传播损耗与距离、频率以及天线高度的关系，给出传播特性的各种图表和计算公式，建立传播预测模型，从而能较简单地预测接收信号的中值。

（2）时间序列建模方法

时间序列分析属统计分析的范畴，与上述统计回归分析相比，它不考虑影响因子，而是直接从因变量（结果变量）本身的顺序和大小中寻找事物变化的内在规律。这种规律主要包括趋势性规律和周期性规律。时序数据有如下特点：① 按时间序列排列；② 相邻数据存在一定程度的相关性。其定义如下：

设随机序列$\{e_t, t\in T\}$的均值函数和自协方差函数分别定义为：

$$\mu_t = Ee_t;\quad r_{t,s} = \text{cov}(e_t, e_s) \tag{3-3}$$

当$\mu_t=\mu=\text{const.}$，$r_{t,s}=r_{t-s}=r_k$，则称$\{e_t\}$为宽平稳随机序列。自协方差函数的标准化式称为自相关函数，即$\rho_k=r_k/r_0$（k=0，±1，±2，±3，…）。ρ_k、r_k的性质如下：

① $\rho_0=1$，$r_0=\sigma^2=\text{var}(e_t)$；

② $|r_k|\leqslant r_0$，$|\rho_k|\leqslant 1$（对所有 k）；

③ $\rho_k=\rho_{-k}$，$r_k=r_{-k}$　（对所有 k）。

对平稳随机序列$(e_t, e_{t+1}, \cdots, e_{t+m-1})^T$，其自协方差阵$\Gamma$和自相关阵$V$分别为：

$$\Gamma=\begin{pmatrix} r_0 & r_1 & \cdots & r_{m-1} \\ r_1 & r_0 & \cdots & r_{m-2} \\ \cdots & \cdots & \cdots & \cdots \\ r_{m-1} & r_{m-2} & \cdots & r_0 \end{pmatrix}\qquad V=\begin{pmatrix} 1 & \rho_1 & \cdots & \rho_{m-1} \\ \rho_1 & 1 & \cdots & \rho_{m-2} \\ \cdots & \cdots & \cdots & \cdots \\ \rho_{m-1} & \rho_{m-2} & \cdots & 1 \end{pmatrix}$$

但因影响结果变量的因素复杂，时间序列呈现出非线性特征，因此我们可以采取两种方式进行处理：① 非线性时序建模；② 对非线性时间序列进行结构分解。

一般情况下，非线性时间序列结构包括：① 趋势成分 T_t。趋势成分显示序列长期行为规律，主要是增长、下降、平稳三类特性，用多项式、指数函数及时序建模来体现。② 周期成分 C_t。影响因子的周期性变化通过一定的影响规律对因变量变化过程迭加影响，可通过滑动滤波及三角函数组合来描述其规律。③ 随机成分 E_t。随机成分的统计特性为零均值白噪声（平稳序列）。针对上述特点，可以采用如下方法对时序数据进行分解：

1）串联法

将系统分解为几个串联成的子系统，通过子系统的迭代输出，逐步简化数据结构，实现对系统的描述。设有时间序列$\{Z_t\}$，其变换如下：

① 对数变换：$X^{(1)}{}_t=\log Z_t$, 对数变换滤除了增长趋势；

② 差分变换：$X^{(2)}{}_t=X^{(1)}{}_t-X^{(1)}{}_{t-1}=\nabla X^{(1)}{}_t$，差分变换滤除了多项式趋势；

③ 周期变换：$W_t=X^{(3)}{}_t=X^{(2)}{}_t-X^{(2)}{}_{t-12}=\nabla_{12}X^{(2)}{}_t$，周期变换滤除了周期波动；串联法模式如图 3-3 所示。

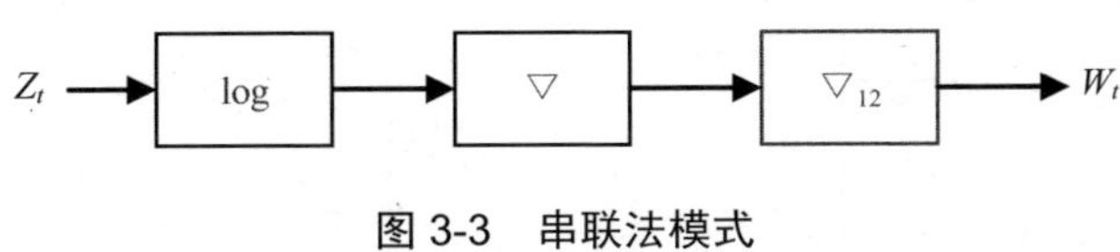

图 3-3 串联法模式

这时可以通过检验发现$\{W_t\}$已经是平稳的随机序列，然后采用滑动平均模型 MA（n）来拟合$\{W_t\}$。

2）并联法

将系统分解为由几个子系统组成的并联结构，该结构可以用加法或乘法模型来描述系统：

$$Z_t=T_t+C_t+E_t \quad 或 \quad Z_t=T_t\times C_t\times E_t \tag{3-4}$$

对乘法模型取对数可转化为加法模型。实际建模时应根据数据的波动是否与数值的大小成比例来判断所应采用的描述模型。目前较常使用的时序模型有 MA（n）、AR（n）、ARMA（p，q）、ARIMA（p，q，d）等。模型中阶的确定准则有：① AIC 准则；② F 检验准则；③ BIC 准则；④ ACH 准则等。

（3）空间动力学建模方法

动力学又称动态学，主要用于研究复杂系统中信息流与信息反馈问题。因此动力学分析对象是信息反馈系统。和统计分析方法相比，其优点在于：

① 对系统内外因素及其关系做出表达；

② 对系统的动态发展与趋势做出预测；

③ 能对系统设置控制因素，有利于决策分析；

④ 将定性分析与定量分析相结合；

⑤ 能对系统进行动态仿真分析。

因此3DCM辅助空间决策分析可以借鉴这一方法分析城市或区域信息、物质、能量等的动态变化情况。动力学分析的基本思想可以用水池图理解。如图 3-4 所示，设在 t 时刻输入输出的水量分别为 R_1（t）、R_2（t），且水箱中的蓄水量为 L。

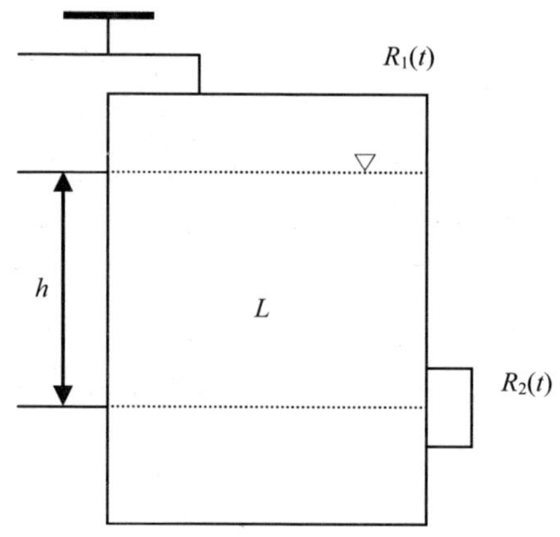

图 3-4 水箱进出水位变化

假定 $R_1(t)$、$R_2(t)$为连续函数，则有

$$\mathrm{DL} =[R_1(t)-R_2(t)]\mathrm{d}t \tag{3-5}$$

当 Δt 足够小时，认为 $R_1(t)-R_2(t)$为常数，于是有

$$\Delta L=[R_1(t)-R_2(t)]\Delta t \tag{3-6}$$

设 $\Delta t=t_2-t_1$，t_1 时刻蓄水 L_1，t_2 时刻蓄水 L_2，则

$$\Delta L=L_2-L_1 \tag{3-7}$$

将式（3-7）代入式（3-6）有

$$L_2= L_1+[R_1(t)-R_2(t)]\Delta t \tag{3-8}$$

式（3-6）为系统动力学分析的基本公式。系统动力学分析建模步骤如下：① 定性系统分析；② 系统结构分析，绘制因果关系网络图；③ 绘信息流图；④ 建立

动力学方程；⑤ 仿真分析。

3.3　顾及 3DCM 的辅助空间决策模型

决策是一个复杂的主观能动过程，是决策者依据一定的决策证据对决策目标进行比较和综合分析并做出判断的过程。常见的决策方式有可视化决策、证据决策、优化决策等。可视化决策是将相关的信息或证据用不同的颜色、纹理进行表达，让决策者凭视觉进行判断和决策；证据决策是依据决策者的经验、知识及对问题所做的观察和研究结果进行可能性大小判断；优化决策是通过求解多目标函数，对所获取的问题的最优参数进行判断。从空间决策的角度看，应当综合应用上述方法。例如电磁波覆盖分析，可以通过可视化方法表达分析结果；服务性设施的选址问题可以借助优化决策方法进行分析；城市大气污染分析可以利用证据决策的方法进行分类定级。

3.3.1　3DCM 辅助空间决策的数学模型

设有决策问题 D，其决策准则或最优值为 M，$S=\{s\}$为决策系统的状态集，$P(s)$ 为状态出现的概率集合，$A=\{a\}$为方案集合，$V(a, s)$ 为效益值或损益函数，则问题 D 的决策模型可以表示为：

（1）表格模型

S / P / V / A	s_1	s_2	s_3	…	s_n	M
	$P(s_1)$	$P(s_2)$	$P(s_3)$	…	$P(s_n)$	
a_1	$V(a_1, s_1)$	$V(a_1, s_2)$	$V(a_1, s_3)$	…	$V(a_1, s_n)$	
a_2	$V(a_2, s_1)$	$V(a_2, s_2)$	$V(a_2, s_3)$	…	$V(a_2, s_n)$	
a_3	$V(a_3, s_1)$	$V(a_3, s_2)$	$V(a_3, s_3)$	…	$V(a_3, s_n)$	
…	…	…	…	…	…	
a_m	$V(a_m, s_1)$	$V(a_m, s_2)$	$V(a_m, s_3)$	…	$V(a_m, s_n)$	

（2）决策树模型

决策树方法是决策分析中的经典方法，如图 3-5 所示。

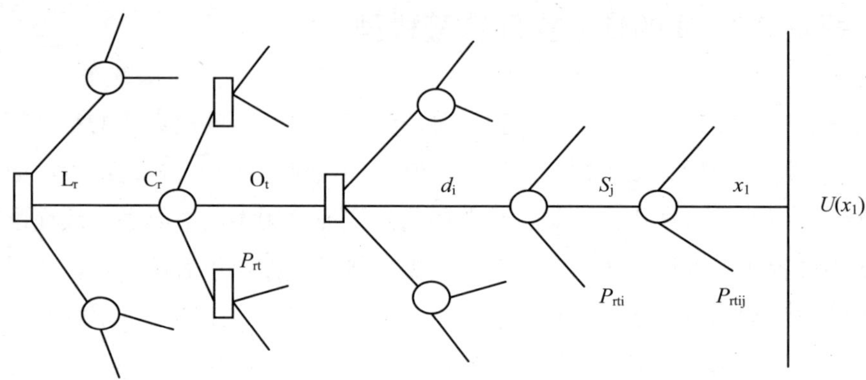

图 3-5 决策树网络

▯表示人为决策点，○表示自动决策点，L_r为事件，C_r为约束，O_t为结果，P[①]为概率，d为条件，S为状态，x为效果。从左至右依次顺着树枝分析，并计算各种可能情况下的概率大小，最后计算在各种可能条件下最终出现的后果的效用，比较各种效用的大小，从中选择最佳效用所对应的实验与决策作为最终决策方案。

（3）矩阵模型

设方案矩阵 $A=\{a_1, a_2, \cdots, a_m\}$，状态矩阵 $S=\{s_1, s_2, \cdots, s_n\}$，生成概率矩阵 $P=\{P(s_1), P(s_2), \cdots, P(s_n)\}$，则损益矩阵 V 表示为：

$$V=\begin{bmatrix} V(a_1,s_1) & V(a_2,s_2) & .... & V(a_1,s_n) \\ V(a_2,s_1) & V(a_2,s_2) & .... & V(a_2,s_n) \\ .... & .... & .... & .... \\ V(a_m,s_1) & V(a_m,s_2) & .... & V(a_m,s_n) \end{bmatrix}$$

3.3.2 3DCM 辅助空间决策证据的可视化方法

3DCM 的可视化方法已经有较成熟的模型和算法[56, 57]。3DCM 辅助空间决策

① 下角不同的英文字母表示不同的决策阶段。

证据的可视化就是要将空间信息的分布特征用视觉可以区分的形式表达出来，以辅助决策者进行可视化决策。对于空间决策支持证据如某房屋特定楼层在一天内受日照的时间，一般随空间位置、方位、时间的变化而变化，且具有连续分布的特点。因此决策证据的可视化首要的问题是空间信息分布的描述与证据获取，这在上一节已经论述。这里简要讨论空间决策证据的可视化方法。图 3-6 是噪声、污染的二维传播图；图 3-7 是蜂窝电话基站的平面布置图。图 3-6 中如果 o 点的坐标（x_0，y_0，z_0）已知，则对每一个球面可以列出方程$(x-x_0)^2+(y-y_0)^2+(z-z_0)^2=r^2$，这里 r 是变量。对于图 3-6 中蓝色区域的微分体积 $\delta v=\mathrm{d}x\mathrm{d}y\mathrm{d}z$，当 δv 很小时，可以赋予 δv 一个点元，对应一个像素。根据该点处的信息量大小，给出相应的颜色灰度值。由于电磁波、噪声等遵循波的叠加原理，因此从多个基站传播到某点的信息量，应经叠加处理后再赋予相应的灰度值。从而实现空间信息的可视化表达，辅助决策者进行优化决策。

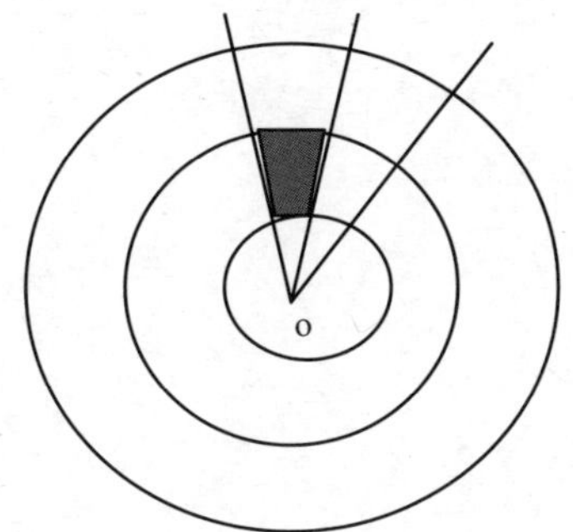

图 3-6　噪声、污染的二维传播

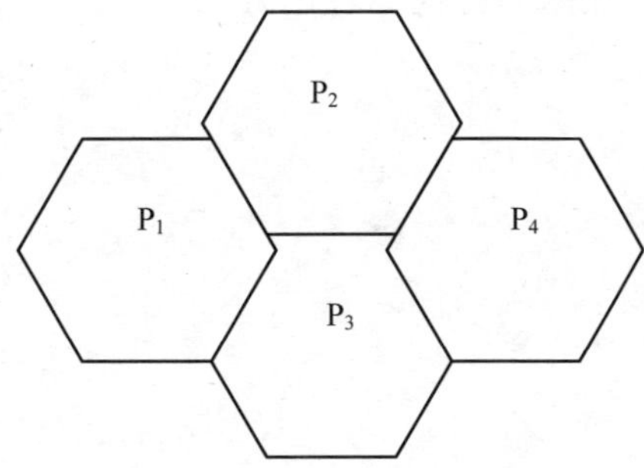

图 3-7　蜂窝电话基站平面布置图

在辅助规划决策的过程中，如遇电信差转站位置的优化问题，可能要不断地调整基站位置，同时要将任意位置上电磁波覆盖的情况表达出来，这将要求模型、数据紧密地集成，实现实时数据调度与显示。

辅助决策证据的可视化表达可以用等值线、颜色、纹理、图表、图像、图形等多种形式。

3.4 本章小结

本章首先介绍了 3DCM 辅助空间决策的相关概念，主要包括地理信息系统（GIS）、空间决策支持系统（SDSS）、空间分析（SA）、空间决策支持（SDS），着重分析了 GIS 与 SDSS 的区别与关系。在讨论 2DGIS 的经典分析方法的基础上，对空间分析理论进行了深入研究，探讨了元胞自动机、空间动力学等理论；并从数学的角度讨论了 3DCM 辅助空间决策证据获取的模型与方法问题，涉及的数学模型有优化与规划模型、空间统计模型、空间动力学模型等；涉及的建模方法有多元统计分析建模法、时间序列建模方法、空间动力学建模方法等。最后，建立了顾及 3DCM 的辅助空间决策模型，主要从三个方面进行了表达，包括表格模型、决策树模型、矩阵模型；此外，以噪声、污染的传播为例，讨论了辅助空间决策证据的可视化表达方法。

第 4 章　3DCM 辅助空间决策支持方法

4.1　3DCM 辅助空间决策支持的概念模型

决策支持系统（Decision Support System，DSS）是 20 世纪 90 年代初在管理信息系统的基础上发展起来的应用计算机科学，从技术与实践的角度看，SDSS 是在 MIS 中融入了模型库系统和专家系统，因而大多数 SDSS 都属于专题性的、一维空间决策支持系统，不能满足人们对多用途、多维空间数据的应用需求。20 世纪 50 年代末，计算机图形学、计算机地图制图、航空摄影测量与遥感、数字图像处理、数据库管理等技术迅速发展，为空间信息的收集、存储、转换、分析、表达奠定了理论技术基础；而第二次世界大战后，随着经济、社会活动的急剧变化，人们也迫切要求对自身生存的空间环境进行有计划的开发、保护与管理，形成社会基础。

SDSS 一词的含义是：综合利用各种数据、信息、知识特别是模型技术，辅助各级决策者解决半结构化决策问题的人机交互系统。SDSS 包括四大主要支持功能系统：

（1）数据库系统。用于描述空间信息分布的数据库系统，该数据库的形成应突出解决以下几个问题：

- 不同数据库的综合问题；
- 不同分辨率、不同比例尺及不同空间统计单元间的数据转换问题；
- 数据结构如何同时支持图形与属性信息、静态与动态信息的显示、查询和分析问题。

（2）模型库系统。用于描述 3DCM 影响下空间信息分布的数学模型库，该模型库的形成要解决如下关键问题：

- ◆ 应用领域的专题模型库的建立；
- ◆ 将模型分类、分解及标准化，生成基本单元，并定义组合规则；
- ◆ 模型库与数据库的有机结合问题。

（3）人—机对话系统。该系统要解决如下两个主要问题：

- ◆ 模型与方案的灵敏度分析；
- ◆ 分析结果及过程的可视化。

（4）专家系统。要解决如下几个主要问题：

- ◆ 模型参数的选择；
- ◆ 模型的调用；
- ◆ 决策过程模拟；
- ◆ 决策问题形成。

4.2 3DCM 辅助空间决策支持的结构模型

目前国内外还没有推出具有数据分析、评价、模拟和预测功能的地理信息系统软件。20 世纪 60 年代初，世界上出现第一个地理信息系统——加拿大地理信息系统（CGIS）；70 年代初，美国 M.S. Scott Morton 教授首次提出决策支持系统（Decision Support System，DSS）的概念。此后，GIS 与 DSS 沿着各自的道路快速发展，但一直未能很好地结合。GIS 具有 MIS 无法比拟的空间分析功能，在经历了 2DGIS 后正向 3DGIS 快速发展。但目前无论是国外的 Arc/Info、Map Info，还是国内的 Citystar、Geostar 等都只提供了相对简单的通用空间分析模型，例如多边形叠置分析、缓冲区分析、现状网络分析、空间格网分析、地表模型及地形分析等。这些模型大都是针对空间数据而非属性数据，且无法满足专业应用如城市规划对分析模型的要求。因此欧美的 GIS 研究领域都致力于提高 GIS 的复杂分析功能和建模能力。无疑，基于 GIS 的城市三维模型的辅助空间决策分析建模是这一研究领域的重点和难点问题之一。而随着 3DGIS 的主流技术包括：① 高精度空间数据的快速获取与更新；② 三维数据模型及其可视化的不断成熟，3D 空间数据的增值应用问题也亟待解决。

空间辅助决策分析是 3D 空间数据的直接应用。数学模型是辅助空间决策的基础，是定量描述事物特征的工具。20 世纪 60 年代初以来，围绕 DSS 的模型问题开展了大量的研究工作，主要集中在：

① 决策支持模型和方法的有效性；

② 方法、模型与数据的融合问题；

③ 决策内容模型；

④ 模型与数据库的互操作问题。

因此不少国外知名的软件如 SIMPLAN、IFPS、GPLAN、EXPRESS、EIS、EMPIRE、GADS、VISICALCR 等都嵌入了功能强大的辅助决策支持模型。目前 DSS 正与专家系统技术（50 年代初出现）、人工神经网络技术（80 年代出现）及机器学习技术融为一体，形成功能强大的辅助决策支持系统。要建立通用的决策支持模型有相当的困难，因为城市空间决策是一个多目标、多指标的复杂问题。因此必须对决策问题进一步细化，针对具体应用问题建立相应的分析模型。城市空间决策（USD）的层次模型可以归结为一级决策问题和二级决策问题。上述问题的一级决策问题如图 4-1 所示，二级决策内容分述见表 4-1。

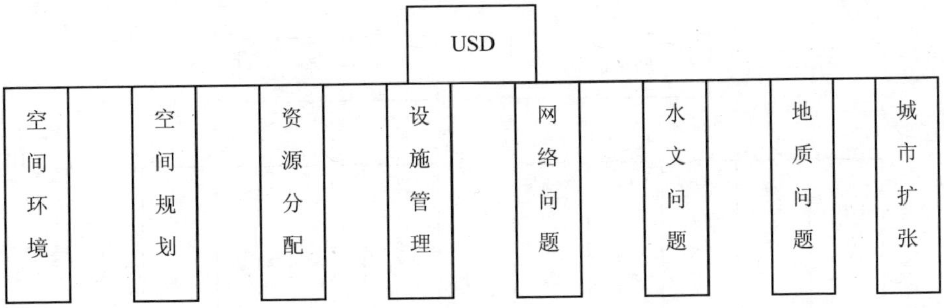

USD

空间环境 | 空间规划 | 资源分配 | 设施管理 | 网络问题 | 水文问题 | 地质问题 | 城市扩张

图 4-1　城市空间决策的一级层次模型

表 4-1 城市空间决策的二级决策内容

序号	一级内容	二级内容
1	空间环境	大气污染、噪声污染、水体污染、风场、城市热岛效应、水土流失、沙尘暴等
2	空间规划	电磁波辐射、土地利用、通视分析、日照分析、LBS 基准站规划等
3	资源分配	人口分布、植被分布、土地级别、景观分布、建筑物类型及分布等
4	设施管理	房屋设施、交通设施、供水设施、排水设施、供电设施、供热设施、文体设施等
5	网络问题	最短路径、最少搜索路径、多点通信、运输费用、商品流、信息流、交通流、电讯网络、电力网络等
6	水文问题	污水排放、雨水、集水、洪水、蒸发与地表径流、地下水资源分布等
7	地质问题	地震监测、滑坡监测、地貌特征、土壤分布、地质构造等
8	城市扩张	人口增长、经济增长、城市膨胀等

当然还可以进一步细分。分清了所要研究的问题，下一步就是建模问题。建模涉及较多的数学基础知识。目前统计界通用的建模分类方法是白箱法、黑箱法、灰箱法。但这些方法不足以完全描述城市问题。结合具体的城市问题及数学理论，可以将建模方法从城市现象和模型功能两个角度进一步细化，如图 4-2 所示。

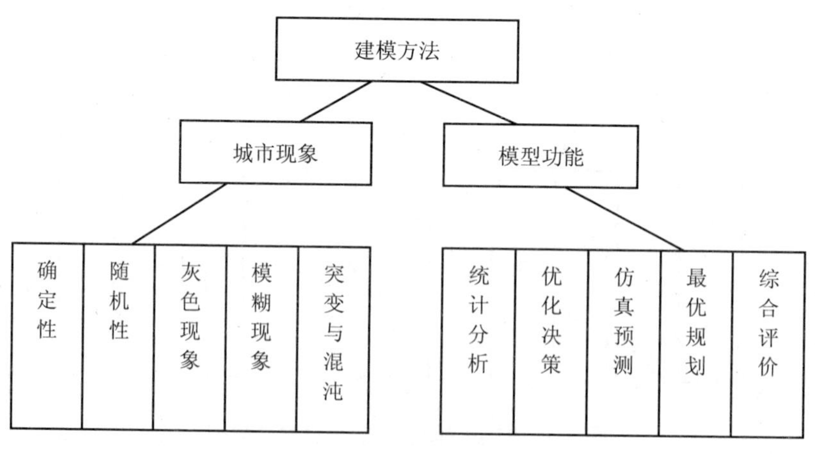

图 4-2 建模方法分类

以下主要讨论图 4-2 中各功能的建模方法、建模流程及模型的建立与运行过程（图 4-3～图 4-9）。

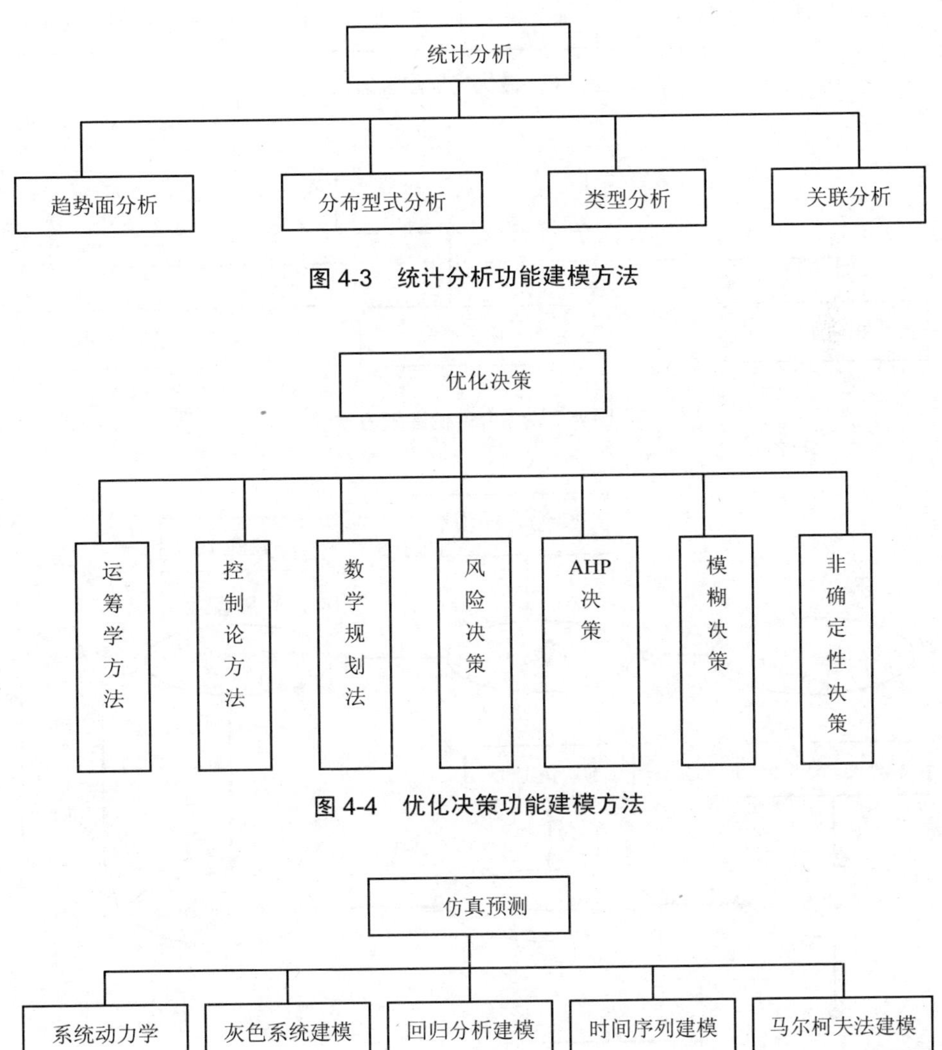

图 4-3　统计分析功能建模方法

图 4-4　优化决策功能建模方法

图 4-5　仿真预测功能建模方法

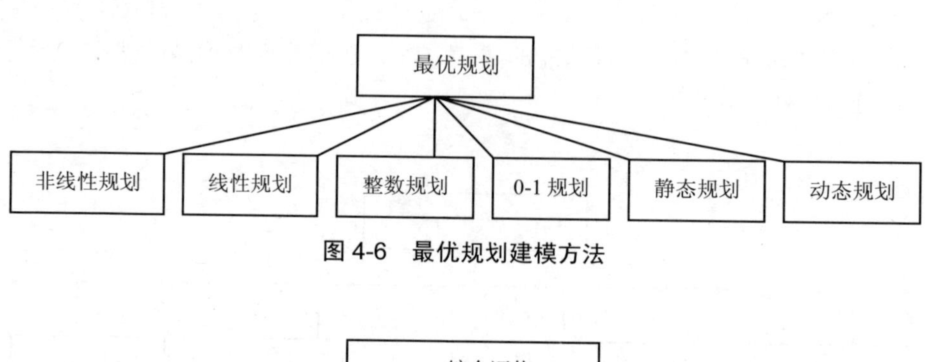

图 4-6 最优规划建模方法

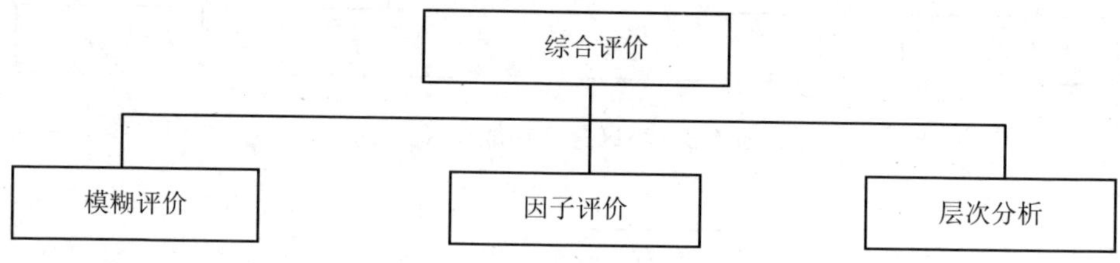

图 4-7 综合评价建模方法

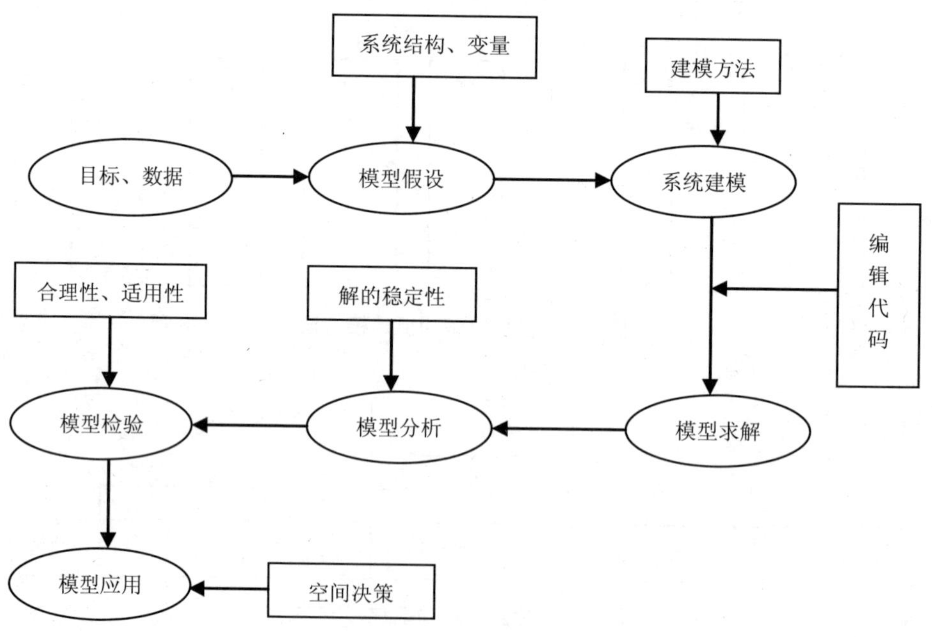

图 4-8 建模流程

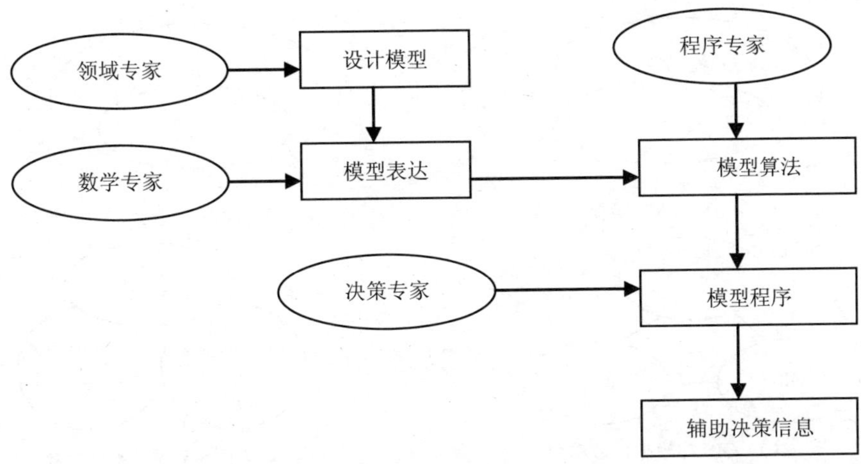

图 4-9 模型的建立与运行过程

图 4-9 中领域专家提供的设计模型包括数据分析模型、区域分析模型及城市分析模型。每类模型又有其特殊的内容与含义，现分述如下：

① 数据分析模型：包括数据预处理、统计、回归、判别、聚类、因子、对应、主成分、训练迭代、对数—线性模型、线性—LOGIT 模型、线性概率模型。

② 区域分析模型：包括趋势预测，人口簇生存模型，基本经济模型，迁移与分配模型，投入—产出模型，单、双约束重力模型，平面区位模型，网络区位模型，系统动力学模型，线性规划模型和多目标规划模型。

③ 城市分析模型：包括层次分析、城市化水平分析、城市职能结构分析、城市登记模拟分析、规划方案评价模型、城市交通模型、城市用地评价模型、城市群演化模型、城乡人口迁移模型。

4.3 数学模型、3DGIS 与决策证据的集成模式

GIS 仅能提供数据级支持。决策证据是通过对专题应用数据、数学模型、3DCM 的集成分析获得的，因此在设计辅助决策支持系统时必须顾及数学模型、决策证据与 GIS 的集成问题。GIS 与决策数学模型结合的方式有以下四种：

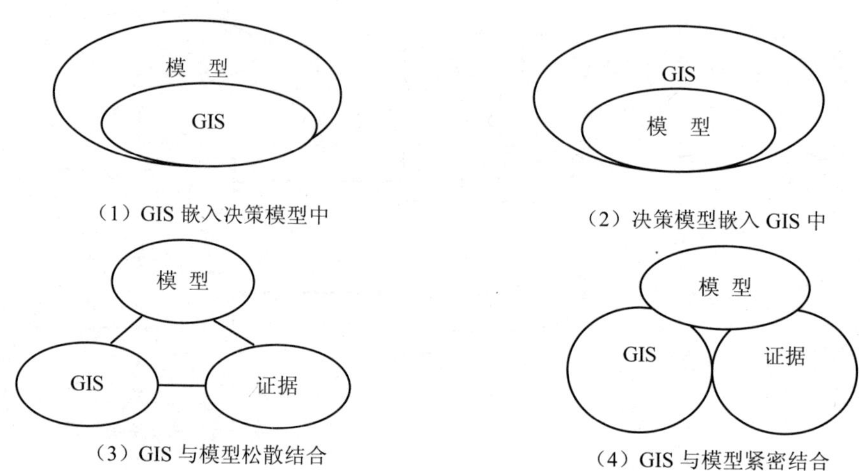

（1）GIS 嵌入决策模型中　（2）决策模型嵌入 GIS 中

（3）GIS 与模型松散结合　（4）GIS 与模型紧密结合

图中，3DCM、专题应用数据及其他空间数据存储在 GIS 数据库中，通过空间分析方法和集成建模形成决策支持证据。从软件开发的周期与效率来看，采用（2）、（4）两种方式较为有利。3DCM 与专题应用数据、数学模型的集成分析形成决策证据。

决策证据、决策模型与决策方法形成三库一体，既可以独立存在于 GIS 之外，也可以集成于 GIS 之内。不过，证据库与元数据（包括 3DCM）库是不同性质与用途的数据，不能二库合一。目前正在研制开发以 GIS 为平台的辅助决策支持系统。

4.4 本章小结

本章对 3DCM 辅助空间决策支持方法进行了系统研究，包括以数据库系统、模型库系统、人机对话系统和专家系统为主要功能的概念模型，辅助空间决策支持模型和方法，以及与数据的融合、决策内容模型及其与数据库的互操作等结构模型；最后探讨了模型、方法、数据之间的集成问题，得出了 3DCM 辅助空间决策支持的基本方法。

第5章　基于3DCM的空间定量分析典型应用领域

5.1　概述

三维城市模型（3DCM）的建立，极大地促进了人们对三维虚拟现实的深入认识。二维到三维的发展使得三维虚拟现实在应用上产生了质的飞跃。传统二维地图无法描述三维地物、地貌以及对人类生存环境等的影响，三维GIS包含的空间信息包括大气污染、噪声污染、日照时间、电磁波覆盖、风水、人文景观、城市地表水、台风、地磁场、恐怖袭击分布等。随着社会的发展，三维城市模型在各个领域得到了越来越广泛的应用。

5.2　基于3DCM的无线信号场强覆盖预测

20世纪40年代末期，“蜂窝”的概念出现，近年随着无线通信技术的发展，“蜂窝”结构已经完全代替了大功率的“广播”模型，这两种模型结构如图5-1、图5-2所示。目前移动通信主要利用800～900 MHz和1 700～2 200 MHz波段，该波段电磁波在城市、郊区和农村环境中的传播受到地形起伏和建筑物、植被及车辆的严重影响。在这种环境中，信号从一个天线传播到达另一个天线时，由于墙和地面的反射及透射、建筑物边缘和地面障碍物的衍射作用，产生了多径特征，呈现出强烈的统计特征。研究表明：必须依赖于对电波传播物理特性的理解进行覆盖预测，以获得实际环境下有关传播规律的参数，作为蜂窝通信网优化、调整和扩容的基础性参考数据[58]。图5-1和图5-2是广播模型和蜂窝模型。这里涉及三个概念，即传播预测、场强预测和覆盖预测。它们之间既有联系，又有区别。传播预测指预测电磁波在一定环境中的传播行为，包括能量、相位、到达角、多径时延等；场强预测是指预测电波能量的分布情况，强调某点或若干点处的信号强度及其变化；覆盖预测强调系统范围内场强的分布规律。

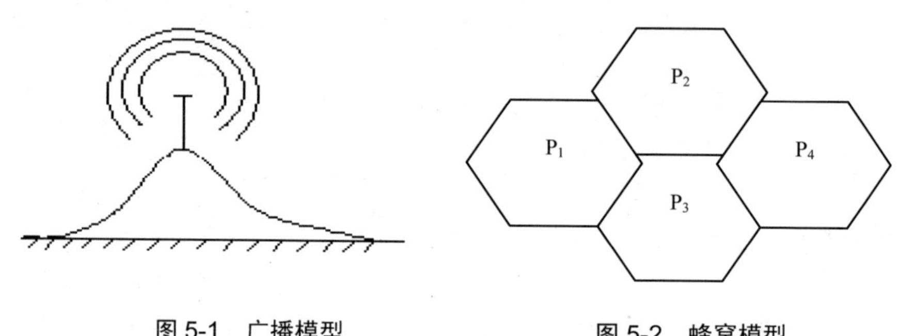

图 5-1　广播模型　　　　图 5-2　蜂窝模型

场强的覆盖预测是传播预测的主要内容。原理上讲，传播预测分为三类：① 经验预测模型，即通过预设公式的结构与参数来隐式地包含对地形地物的影响考虑；② 确定性理论预测模型，即通过理论公式比如射线方程等和三维数字模型直接计算地形地物的影响。③ 自适应无线电 CT 方法，即从信号场强路测数据中提取地形地物对电磁波传播的影响，把经过预处理后的信号中值场强理解为从基站天线到测量地点的整个路径上中值衰减的积分效应。蜂窝移动通信系统的三个关键设计目标是：覆盖和移动性、系统容量与通信质量。移动通信网频率规划与覆盖控制是网络规划与优化过程中最关键，也是难度最大的技术问题。它直接关系到基站功率、基站规模与分布、通话质量等。高精度的无线信号场强覆盖预测是科学有效的覆盖控制的根本保证。信号场强覆盖预测要求能够：

（1）显示基站覆盖阴影效果图。

（2）具有测距与计算功能，能测定基站到任一点的距离。

（3）能随意标注基站到任意楼上，察看其信号覆盖状况；能做基站通视分析；能看到信号从基站发射到对面楼的墙壁上，再折射或反射到某点。

5.2.1　传播预测模型

传播模型的方法分为两大类：一是基于无线电传播理论的理论分析方法；二是建立在大量测试数据和经验公式基础上的统计方法，即在大量场强测试的基础上，经过对数据的分析与统计处理，找出各种地形地物下的传播损耗与距离、频率以及天线高度的关系，给出传播特性的各种图表和计算公式，建立传播预测模型，从而能用较简单的方法预测接收信号的中值。这里给出几类经验传播模型。

（1）自由空间传播模型

自由空间是指在理想的、均匀的、各向同性的介质中传播，不发生反射、折射、绕射、散射和吸收现象，只存在电磁波能量扩散引起的传播损耗的空间。在自由空间中，若发射点处的发射功率为 P_t，以球面波辐射；若接收的功率为 P_r，则有：

$$P_r=A_r\times P_t\times G_t/4\pi r^2 \tag{5-1}$$

式中：$A_r=\dfrac{\lambda^2 G_r}{4\pi}$，dB，其中 λ 为工作波长（m）；G_r 为接收天线增益；G_t 为发射天线增益；r 为发射天线和接收天线间的距离（m）。如果自由空间的传播损耗 L 定义为：

$$L=P_t/P_r \tag{5-2}$$

当 $G_t=G_r=1$ 时，自由空间的传播损耗可写作 $L=(4\pi r/\lambda)^2$。若以分贝表示，则有：

$$L\text{（dB）}=32.45+20\log f_c+20\log R \tag{5-3}$$

由上面传播损耗公式可知，自由空间的传播损耗与距离的平方成正比。

（2）平面大地传播模型

该模型对城区视距内的微蜂窝环境下的场强预测是非常准确的。在大多数移动通信系统中，地球可假设为平面。其传播路径损耗为：

$$L_p = 40\log(d_2 / d_1) \tag{5-4}$$

由平面大地模型得出的传播路径损耗公式，其预测的结果与经验数据是吻合的。但是，它的缺点是未能表征工作频率对传播路径损耗的影响。因为，实际上接收点的信号功率与工作频率呈如下反比关系：

$$P_{\mathrm{r}} \propto f^{-n} \quad 其中，2\leqslant n\leqslant 3 \tag{5-5}$$

（3）杂乱因子模型（Clutter Factor Model）

在平面大地损耗模型基础上附加一个额外的损耗分量，定义为杂乱因子。这些不同的模型根据不同的频率和环境被分配给相应的 k 值和 n 值。式（5-6）是对平面大地模型进行修正后所得到的经验模型：

$$L_{\mathrm{emp}} = 40\log r - 20\log h_{\mathrm{m}} - 20\log h_{\mathrm{b}} + K \tag{5-6}$$

式中：h_{b} 为发射天线有效高度，30～200 m；h_{m} 为接收天线有效高度，1～10 m；K 为常数。

（4）Egli 模型

Egli 模型是根据不规则多反射地形的大量测试结果发展起来的。它是以平面大地模型为基础，再加上各种修正因子。这些因子分别是频率、地形、高度和方位的函数。该模型较适用于缓慢变化的不规则地段，其基本传播损耗方程为：

$$L_0(\mathrm{dB}) = 117 + 40\log R + 20\log f_{\mathrm{c}} - 20\log h_{\mathrm{b}} h_{\mathrm{m}} \tag{5-7}$$

式中：L_0 为基本传播损耗，dB；f_{c} 为载波频率（MHz），150～1 500 MHz。

上式的适用范围为：距离从 0～40 英里（64 km）；地形起伏高度小于 50 英尺的丘陵区；频率为 40～400 MHz，可延伸到 1GHz。在地形变化超过上述范围时，可以加入修正因子。但是 Delisle 给出了一个更简单的计算式，也接近于测量结果。

$$L = 40\log R + 20\log f_{\mathrm{c}} - 20\log h_{\mathrm{b}} + L_{\mathrm{m}} \tag{5-8}$$

$$L_m = \begin{cases} 76.3 - 10\log h_m & h_m < 10 \\ 76.3 - 20\log h_m & h_m \geqslant 10 \end{cases} \tag{5-9}$$

式中：L 为预测的损耗，dB；L_m 为地形修正因子，dB，反映了地形因素对路径损耗的影响。当 h_b 很高时，预测的损耗低于自由空间损耗，此时就直接采用自由空间损耗的计算式。

（5）奥村模型（Okumura-Hata Model）

Okumura 模型是使用最广泛的城区信号预测模型。应用频率在 150～1 920 MHz（可扩展到 3 000 MHz），距离为 1～100 km，天线高度在 30～1 000 m。该种模型的主要缺点是对城区和郊区快速变化的反应较慢。预测和测试的路径损耗偏差为 10～14 dB。这种方法根据地形地貌将预测区域分为不同的类别：开阔地、郊区和城区。对它们描述如下：

① 开阔地。指移动台前方数百米内没有遮挡的地区。

② 郊区。指建筑物和树木较分散的地区。

③ 城区。指两层以上建筑物密集地区。

Hata 模型是根据 Okumura 曲线图所作的经验公式，频率范围为 150～1 500 MHz。Hata 模型以市区传播损耗为标准，其他地区在此基础上进行修正。市区路径损耗的标准公式为：

$$\begin{aligned} L_{50}(\text{市区})(\text{dB}) = {} & 69.55 + 26.16\log f_c - 13.82\log h_b - a(h_m) + \\ & (44.9 - 6.55\log h_b)\log d \end{aligned} \tag{5-10}$$

式中：d 为收发距离，km；a（h_m）为有效移动天线修正因子，是覆盖区大小的函数。对于中小城市，移动天线修正因子（dB）为：

$$a(h_m) = (1.1\log f_c - 0.7)h_m - (1.56\log f_c - 0.8) \tag{5-11}$$

对于大城市，为：

$$a(h_m) = 8.29(\log 1.54h_m)^2 - 1.1 \quad f_c \leqslant 300\ \text{MHz} \tag{5-12}$$

$$a(h_m) = 3.2(\log 11.75h_m)^2 - 4.97 \quad f_c > 300\ \text{MHz} \tag{5-13}$$

为获得郊区的路径损耗，标准 Hata 模型修正为：

$$L_{50}(\mathrm{dB}) = L_{50}(\text{市区}) - 2[\log(f_c / 28)]^2 - 5.4 \tag{5-14}$$

对于农村地区公式修正为：

$$L_{50}(\mathrm{dB}) = L_{50}(\text{市区}) - 4.78(\log f_c)^2 - 18.33\log f_c - 40.98 \tag{5-15}$$

在 d 超过 1 km 的情况下，Hata 模型的预测结果与原始 Okumura 模型非常接近。模型适用于大区制移动系统，但不适用于小区半径为 1 km 左右的个人移动通信系统（PCS）。

（6）COST231-Hata 模型

该模型是针对于中小城市的，其频率范围一般在 1 500～2 000 MHz，h_b 在 30～200 m，h_m 在 1～10 m，d 在 1～20 km。

$$L(\mathrm{dB}) = F + B\log R - E + G \tag{5-16}$$

$$F = 46.3 + 33.9\log f_c - 13.82\log h_b \tag{5-17}$$

$$B = 44.9 - 6.55\log h_b \tag{5-18}$$

对于大城市一般有如下表达式：

$$E = 3.2\left[\log(11.75h_m)\right]^2 - 4.97 \quad (\text{当 } f_c \geqslant 300\ \mathrm{MHz} \text{ 时}) \tag{5-19}$$

$$E = 8.29\left[\log(1.54h_m)\right]^2 - 1.1 \quad (\text{当 } f_c < 300\ \mathrm{MHz} \text{ 时}) \tag{5-20}$$

对于中小城市，有

$$E = (1.11\log f_c - 0.7)h_m - (1.56\log f_c - 0.8) \tag{5-21}$$

$$G = \begin{cases} 0\ \mathrm{dB} & \text{中等城市和郊区} \\ 3\ \mathrm{dB} & \text{市中心} \end{cases}$$

（7）COST-231/Walfish/Ikegami 模型

COST-231/Walfish/Ikegami 模型解决了自由空间损耗、电波路径的衍射损耗和周围建筑物屋顶与移动台之间的损耗之间的关系。它主要建立在 Walfish、Berton 和 Ikegami 等模型的基础之上。另外，引用经验者的修正参数，匹配测量街道走向和频率。此模型给出了非视距传播时的公式，主要用在都市环境下，适用于

800 MHz≤f_c≤2 000 MHz，4 m≤h_b≤50 m，1 m≤h_m≤3 m，且 0.02 km≤R≤5 km 的情况下。

$$L = L_F + L_{sd} + L_{msd} \tag{5-22}$$

式中：L_F是自由空间中的路径损耗（dB）；L_{sd}表示单绕射和散射过程中的损耗（dB），L_{msd}表示建筑物群的多屏绕射损耗（dB）。上面等式中的各项表示如下：

① 自由空间中的路径损耗。

$$L_F(\mathrm{dB}) = 32.44 + 20\log f_c + 20\log d_{km} \tag{5-23}$$

式中：f_c为载波频率，MHz；d_{km}为基站到移动台之间的距离，km。

② 单绕射和散射过程中的损耗。

$$L_{sd}(\mathrm{dB}) = -16.9 + 10\log f_c + 10\log\frac{(h_0 - h_m)^2}{w_m} + L(\Phi) \tag{5-24}$$

式中：h_0为建筑物的典型高度，一般取平均高度（m）；h_m为移动台天线高度（m）；w_m是建筑物在街道一侧到移动台之间的距离（典型地取 $w_m=w/2$，w 为街道宽度，m）（m）。最后一项 $L(\Phi)$说明了街道方向角Φ所产生的损耗（dB）。

$$L_i(\Phi) = \begin{cases} -10 + 0.354\phi & 0° \leqslant \phi \leqslant 35° \\ 2.5 + 0.075(\phi - 35) & 35° < \phi \leqslant 55° \\ 4.0 - 0.114(\phi - 55) & 55° < \phi \leqslant 90° \end{cases} \tag{5-25}$$

③ 建筑物群的多屏绕射损耗。

$$L_{msd}(\mathrm{dB}) = L_{bsh} + k_a + k_d \log d_m + k_f \log f_c - 9\log w \tag{5-26}$$

$$L_{bsh}(\mathrm{dB}) = \begin{cases} -18\log[1 + (h_b - h_0)] & h_b > h_0 \\ 0 & h_b \leqslant h_0 \end{cases}$$

$$k_a = \begin{cases} 54 & h_b > h_0 \\ 54 - 0.8(h_b - h_0) & h_b \leqslant h_0 \quad R \geqslant 0.5 \\ 54 - 1.6(h_b - h_0)R & h_b \leqslant h_0 \quad R < 0.5 \end{cases}$$

$$k_d = \begin{cases} 18 & h_b > h_0 \\ 18 - 15\dfrac{(h_b - h_0)}{h_0} & h_b \leqslant h_0 \end{cases}$$

$$k_f = -4 + 0.7\left(\frac{f_c}{925} - 1\right)$$ 用于中等城市和郊区环境

$$k_f = -4 + 1.5\left(\frac{f_c}{925} - 1\right)$$ 用于大都市中心

式中：d_m 为移动台到最近的建筑物之间的距离（m）；h_b 为基站天线高度（m）；R 为基站到移动台之间的距离（km）；w 为街道宽度（m）。

该模型在实际计算时可取如下默认值：

w=20～50 m，d_m=w/2，Φ =90°

$$h_0 = \begin{cases} 3n_{\text{floors}} & \text{平坦屋顶} \\ 3n_{\text{floors}} + 3 & \text{倾斜屋顶} \end{cases}$$

（8）对数距离路径损耗模型

研究表明，室内路径损耗遵从公式如下：

$$\text{PL(dB)} = \text{PL}(d_0) + 10n\log\left(\frac{d}{d_0}\right) + X_\sigma \tag{5-27}$$

式中：n 依赖于周围环境和建筑物类型；X_σ 表示标准偏差为σ 的正态随机变量。

（9）衰减因子模型

建筑物内传播模型包括：建筑物类型影响以及 Seidel 描述的阻挡物引起的变化。这一模型灵活性很强，预测路径损耗与测量值的标准偏差为 4 dB，而对数距离模型的偏差达 13 dB。衰减因子模型为：

$$\overline{\text{PL}}(d)(\text{dB}) = \overline{\text{PL}}(d_0) + 10n_{\text{SF}}\log\left(\frac{d}{d_0}\right) + \text{FAF} \tag{5-28}$$

式中：n_{SF} 表示同层测试的指数值；FAF 为楼层衰减因子。如果对同层存在很好的估计值 n，则不同层路径损耗可通过附加 FAF 值获得，或者在式（5-28）中考虑用多楼层影响的指数代替 FAF。

$$\overline{\text{PL}}(d)(\text{dB}) = \overline{\text{PL}}(d_0) + 10n_{\text{MF}}\log\left(\frac{d}{d_0}\right) \tag{5-29}$$

式中：n_{MF} 表示基于测试的多楼层路径的损耗指数。

Devasirvatham 等发现，室内路径损耗等于自由空间损耗加上附加损耗因子，且随距离成指数增长。对于多层建筑物的情况，则有：

$$\overline{\mathrm{PL}}(d)(\mathrm{dB})=\overline{\mathrm{PL}}(d_0)+20\log\left(\frac{d}{d_0}\right)+ad+\mathrm{FAF} \tag{5-30}$$

式中：d 为发射节点与接收节点之间的距离（m）；d_0 为参考距离（m），通常取 1 m；a 为信道的衰减常数（dB/m）。

5.2.2 建立基站信号覆盖预测模型

信号覆盖预测是设置基准站的参考依据。其通过建立信号覆盖预测模型预测各基站小区的路径损耗和场强覆盖分布情况，并依据相关的门限显示各基站小区的场强覆盖图，即地图上任意点能够接收到的基站信号强弱估算，并可显示基站的基本信息及基站信道数。信号覆盖预测模型用路测数据和修正参数进行模型校准，从而优化传播模型。其通过对大量路测数据和测量报告的过滤和分析，确定小区、基站覆盖区域的场强，网络基站配置和参数的地图显示（包括天线方向角、功率），选定区域各小区场强分布，并进行信号综合覆盖分析。

模型给出覆盖盲区、灰色覆盖区域的预警功能，即自动将盲区、灰色覆盖区域用不同颜色显示出来，同时显示周边基站的位置和覆盖范围。结合实测数据，为增加基站、移动基站和消除盲区提供参考建议。图 5-3 中所示深灰色为强信号区，浅灰色为弱信号区。

图 5-3 二维地形图中基站的覆盖区域

对于无线传播预测，接收信号强度是预测的主要参数之一。接收信号强度涉及三种主要机制：距离衰减、阴影衰减、多径散射。射线传播模型能很好地描述不同环境下地形、地物的影响。5.2.1 已经介绍，传播预测的模型很多，每一种模型只能对某些特殊的环境进行有效的预测。因此可能建立一个模型库，针对特定的环境自动地匹配最优预测模型。

建立基站信号覆盖预测模型的基本思路如下：

对环境进行分类，选择适合的传播模型进行分析计算，目前主要考虑如下参数进行场强大小的估算：

- 基站的功率；
- 载波频率（取最大值和最小值，也可以由用户设定，因为 PHS 基站的频率是自动分配的，无法得知通信时的信道频率）；
- 基站到移动台的距离；
- 基站的天线高度；
- 移动台天线的高度；
- 建筑物的典型高度；
- 建筑物在街道一侧到移动台之间的距离；
- 街道的走向与移动台到基站的传播方向之间的夹角。

采集相关的数据，主要是路测场强数据，结合如下参数对模型求解模型参数：

- 模型分类：室内、室外；
- 移动台与窗户之间的距离；
- 移动台与房门之间的距离；
- 楼层数，楼屋高度；
- 基站与移动台之间的间隔建筑物；
- 自然地形（水域，高山，丘陵，平原等）；
- 建筑物的材料；
- 基站天线类型；
- 基站天线角度；
- 基站天线主要覆盖方向；

- 基站是否为长杆型；
- 铁架类型；
- 铁架高度。

对于基站覆盖范围图，考虑如下参数产生等值线：

- 基站待机区选择电平；
- 基站待机区保持电平；
- 再呼叫型硬切换过程电平；
- 再呼叫型硬切换目的区域选择电平；
- TCH 切换型硬切换过程电平。

为了提高传播预测的准确性，对规划区内的典型区域进行电波传播加密测试，并利用测试得到的数据对传播模型进行校正，以适应当地的电波传播环境。最终给出如下文本及图像报告：

- 覆盖干扰报告；
- 传播模型报告
- 场强覆盖图
- 基站分布图。

通过分析可获得基站的覆盖情况及切换情况。如某居民区掉话率高达 6.7%，掉话原因显示为射频掉话，经实地路测后，发现该站由于天线较高，存在越区覆盖，产生孤岛效应。结合路测数据在地图上进行分析，比如高话务、高拥塞地区分析；高干扰、低质量地区分析等，分析需要参照话务量统计数据、基站覆盖模型源等确定干扰源。

5.3　基于 3DCM 的日照分析及其辅助空间决策

3DCM（Three Dimension City Model）的辅助空间决策支持是 3DUGIS 研发的最高宗旨，也是系统的社会效益与经济效益的具体体现。因此，近年来欧美一些国家的 GIS 学者都致力于提高 GIS 的复杂分析功能和建模能力[59-61]。但这些研究目前还没有突破二维空间的局限。基于 3DCM 的日照建模及其辅助决策支持充分顾及建筑物、地形、地貌的几何 3D 空间特征，研究和分析城市在不同季节受日照强度与日照时间分布，从光环境与卫生角度提供城市空间环境规划与评估所需要的决策依据。

城市日照是城市物理环境与城市规划互动性研究的重要内容之一。传统城市规划方法只在二维平面上进行，无法模拟三维空间环境。日照时间与城市的地理位置及三维城市模型（3DCM）的空间分布有关；日照强度对城市环境卫生的适宜性、人群的生理健康有较大影响。因此在城市规划时应对日照进行模拟分析，例如阴影范围、日照时间等。3DCM 辅助空间决策支持就是借助虚拟地理环境下的 3DCM 的空间分布与太阳运动规律，研究建筑物不同层面受日照的时间，为城市规划提供决策证据支持。

5.3.1 几何 3DCM 的空间数据模型

3DGIS 的主流技术可以大致分为三个方面：① 高精度空间数据的快速获取与更新；② 三维数据模型及其仿真与可视化；③ 3DCM 辅助空间决策支持模型与应用。从现在的情况来看，前两个问题的研究较深入。由于第三个问题是在第二个问题的基础上进行的，因此有必要明确几何 3DCM 的概念。不难理解，任何 3DCM 对应的实体均可以抽象成点对象、线对象、面对象、体对象和 DEM。为了有效地表达 3DCM，以上述对象为基础定义多边形、函数构造面、几何构造体（CSG）、TIN 面片等几何元素。显然，点与直线是其最基本的元素。这样可以建立图 5-4 所示的空间数据模型[62]。

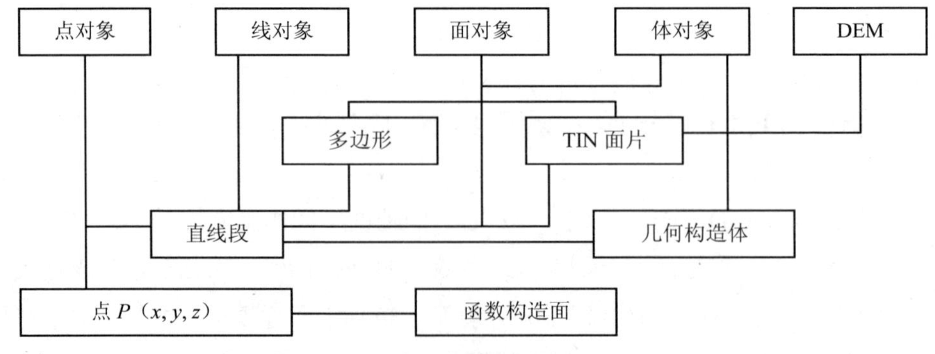

图 5-4 三维城市模型的几何空间数据模型

如果要构造地面实体如房屋的 3DCM，则只需要将几何构造体进行组合即可以建立三维房屋模型（3DBM），如图 5-5 所示。事实上，3DGIS 在可视化过程中，所有实体均需用 3DCM 表达。

图 5-5　城市校园三维景观模型的可视化表达

5.3.2　日照分析的基本模型

阳光是生命之源，是地球上最主要的能量来源，具有照明、杀菌解毒等作用。因此在城市规划中为了保证建筑能得到足够的阳光，规定了建筑物日照间距系数及日照时间要求。为了更好地分析与计算日照时间，应了解日-地相对运动规律。

5.3.2.1　竿影日照原理

图 5-6 中，h 为竿高；l 为竿影长；太阳的高度角为 θ；mm_1 是 dd_1 的对称弧。由图 5-6 可见：

（1）竿位于椭圆圆心 O，当太阳沿 bb_1 弧运动时，竿顶的投影运动轨迹为 dd_1 弧；

（2）当竿在 mm_1 弧上移动时，竿顶的投影始终在 O 点；

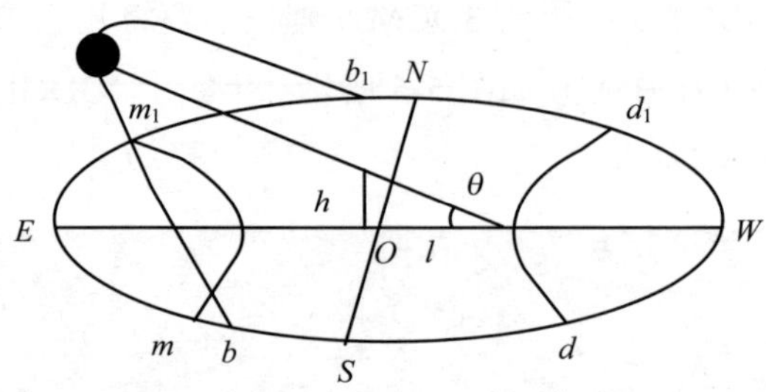

图 5-6 竿影日照原理

（3）h、l、θ 的关系为

$$l=h\times \text{ctg}(\theta) \tag{5-31}$$

（4）竿在 mm_1 弧与 O 间某点时，O 点始终处在阴影范围；竿在 mm_1 弧内某点时，O 点处在阳光照射中；竿在 O 与 W 之间某点时，O 点处在光照之中；

（5）当θ不变时，l 与 h 成正比（太阳光线为平行光线），其关系如图 5-7 所示。

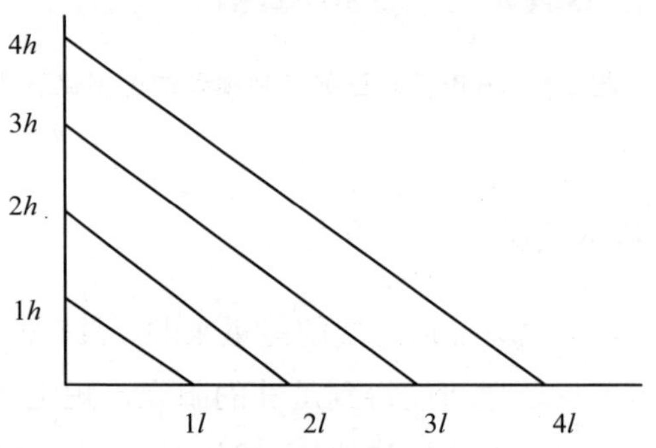

图 5-7 竿影比例关系

5.3.2.2 太阳投射的基本方程

从图 5-6 可知，空间任意一点经过太阳光照射后在地面上会产生一个投影点，该点的坐标与太阳位置及空间点的位置有关。视太阳光为平行光线，则空间点的投影与太阳的高度角、方位角及空间点的位置之间有确定关系。

（1）阳光投射方程的计算

① 太阳高度角 H_s

$$H_s=\arcsin[\sin\phi\sin\delta+\cos\phi\cos\delta\cos t]，H_s\in[-90°，90°] \quad (5\text{-}32)$$

式中：ϕ为地区纬度，(°)；δ 为赤纬度，(°)；t 为 24 时制时间，h。

$$\delta=23.5°\sin[（N-80.25）（1-N/9\,500）] \quad (5\text{-}33)$$

式中：N 为从元旦到计算日的总天数。

② 太阳方位角 A_s

$$A_s=\arcsin[\cos\delta\sin T/\cos H_s] \quad (5\text{-}34)$$

$$T=15°（t-12） \quad (5\text{-}35)$$

式中：δ 为赤纬度，(°)；T 为时角，即太阳所在的时圈与通过两极点的时圈所构成的夹角，(°)；Hs 为太阳高度角，(°)。

根据太阳高度角和太阳方位角计算公式，可计算出从日出至日落时的太阳运行轨迹数据[63]。

（2）投影点坐标的计算

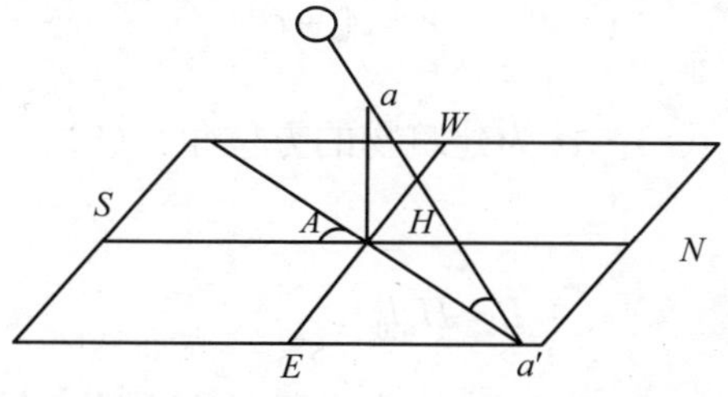

图 5-8　空间点（点 *a*）的日照投影图

如图 5-8 所示，已知点 a 为空间的一个坐标点，设其空间坐标为（x，y，H），该点在承影面上的投影点为 a'，设投影点 a'对应的坐标为（x'，y'，z'），则 a'的各个坐标值可用如下公式计算：

$$x'=x+E\operatorname{ctg}(H_s)\sin(A_s) \tag{5-36}$$

$$y'=y+E\operatorname{ctg}(H_s)\cos(A_s) \tag{5-37}$$

$$z'=H_0 \tag{5-38}$$

式中：H_s 为太阳高度角，（°）；A_s 为太阳方位角，（°）；H_0 为前栋建筑物的高度，m；E 为承影面高程，$E=H-H_0$，m。

（3）日照间距的计算

日照间距通常按下面的方式进行：

① 根据要求建筑物达到的全天最小日照时间（t_{min}）确定所需计算的时间 t

$$t = 12-t_{min} \tag{5-39}$$

② 计算时刻 t 的太阳高度角 H_s 和太阳方位角 A_s，见式（5-30）和式（5-32）。

③ 计算日照间距系数 l_0

$$l_0 = \operatorname{ctg}H_s \cdot \cos r \tag{5-40}$$

式中：H_s 为太阳高度角，（°）；r 为太阳方位与后栋建筑方位的夹角，（°）。

且

$$r = A_s - \alpha \tag{5-41}$$

式中：A_s 为太阳方位角，（°）；α 为建筑物的方位角，（°）。

④ 计算日照间距 L

$$L = H_0 l_0 \tag{5-42}$$

式中：H_0 为前栋建筑物的高度，（°）；l_0 为日照间距系数，量纲为一。

5.3.3 几何 3DCM 辅助日照分析

3DCM 辅助空间决策支持是 3D 空间数据及其模型的深层次应用。20 世纪 60 年代初以来，围绕 DSS（Decision Support System）的模型问题开展了大量的研究，但这些研究集中在如何实现从结构化决策向半结构化决策转变，及模型库与数据库的连接问题上。2DGIS 尤其是 3DGIS 的出现，使得空间分析的内容已经涉及对象的几何空间形态。3DCM 辅助空间日照分析针对 3DCM、太阳运动轨迹建立阴影分析模型，为城市空间规划提供决策证据支持。3DCM 辅助空间规划决策包括两个方面：① 城市的定位与定向辅助分析；② 建筑资源的空间配置与优化辅助分析。上述辅助空间决策证据获取的技术难点有：① 各种形状的地物阴影显示方法；② 日照时间计算方法；③ 日照间距计算方法。

5.3.3.1 各种形状的地物阴影显示方法

建筑物的阴影包括其他建筑物遮挡产生的阴影和建筑物自身遮蔽产生的阴影。阴影分析的方法有 2 种：① 阴影叠加法[58]；② 投影变换法。建筑物是三维的，将三维的立体变为二维的阴影平面，可以形象地理解为将建筑物沿太阳光方向压至地面，这需要进行一次投影变换，其实质是完成将一个秩为 3 的线性无关组变为秩为 2 的线性无关组。因此可以设计一个 4×4 的阴影矩阵，用此矩阵右乘当前透视环境矩阵就可得到建筑物在地面上形成的阴影多边形。算法如下：

设确定地面方程的四个参数为 g_1，g_2，g_3，g_4，其中 g_1，g_2，g_3 为地面法向量在 x，y，z 三个方向上的分量，g_4 为空间原点到该面的距离，设向量 $v_1 = (g_1, g_2, g_3, g_4)$，太阳光的方向向量 $v_2 = (s_1, s_2, s_3, s_4)$，则阴影投影矩阵 ShadowMat[$i$][$j$]，即为矩阵中对应的元素，$i$、$j$ 取值为 0、1、2、3。

ShadowMat[0][0] = dot $- s_1 \cdot g_1$;

ShadowMat[1][0] = $- s_1 \cdot g_2$;

ShadowMat[2][0] = $- s_1 \cdot g_3$;

ShadowMat[3][0] = $- s_1 \cdot g_4$;

ShadowMat[0][1] = $- s_2 \cdot g_1$;

ShadowMat[1][1] = dot $- s_2 \cdot g_2$;

ShadowMat[2][1] = $- s_2 \cdot g_3$;

ShadowMat[3][1] = $- s_2 \cdot g_4$;

ShadowMat[0][2] = $- s_3 \cdot g_1$;

ShadowMat[1][2] = $- s_3 \cdot g_2$;

ShadowMat[2][2] = dot $- s_3 \cdot g_3$;

ShadowMat[3][2] = $-s_3 \cdot g_4$;

ShadowMat[0][3] = $-s_4 \cdot g_1$;

ShadowMat[1][3] = $-s_4 \cdot g_2$;

ShadowMat[2][3] = $-s_4 \cdot g_3$;

ShadowMat[3][3] = dot $-s_4 \cdot g_4$;

式中：向量 v_1 和 v_2 的点积为 dot $= v_1 \cdot v_2 = g_1 \cdot s_1 + g_2 \cdot s_2 + g_3 \cdot s_3 + g_4 \cdot s_4$；图 5-9 是单体建筑物阴影实验结果。

图 5-9 建筑物阴影显示

5.3.3.2 建筑物日照时间计算

建筑物的日照时间受周围环境影响较大，当对建筑群中某栋建筑物的日照时间进行分析时，要结合太阳的运行轨迹分析周围地形地物投射到所考察建筑物上的阴影范围和时间，用建筑物全天的理论日照时间减去建筑物受遮挡时间，得出建筑物全天的实际日照时间。日照时间与季节、经纬度及建筑物的分析高度有关。在已知地物的几何数据的前提下，根据阴影投影矩阵可以计算出地物在设定分析高度水平面上的阴影多边形，通过判断建筑物周围的地物阴影多边形（二维）与建筑物底面（二维）多边形是否相交，可判断出建筑物阳光是否受周围地物的遮挡。从日出时间开始，每间隔一个很短的时间，进行一次以上的判断，并积累日照的时间，直到日落结束。积累起来的日照时间总长度，就是建筑物在特定日期一天内的实际日照时间。日出时刻和日落时刻可设置成一个假想的足够早和足够晚的值。图 5-10 是给定上述参数下日照时间分析的实验结果。

图 5-10　日照时间实验分析结果

5.3.3.3　日照间距计算

日照间距的计算要结合人们对建筑物的日照时间的要求，计算出开始遮挡的时刻，利用这一临界时刻的太阳方位角和两建筑物的方位角参数计算出日照间距系数。用日照间距系数乘以两栋建筑物中处于较南面的那栋建筑物的竖直高度，就可以计算出这两栋建筑物的满足特定要求的合理间距，即日照间距（图 5-11）。

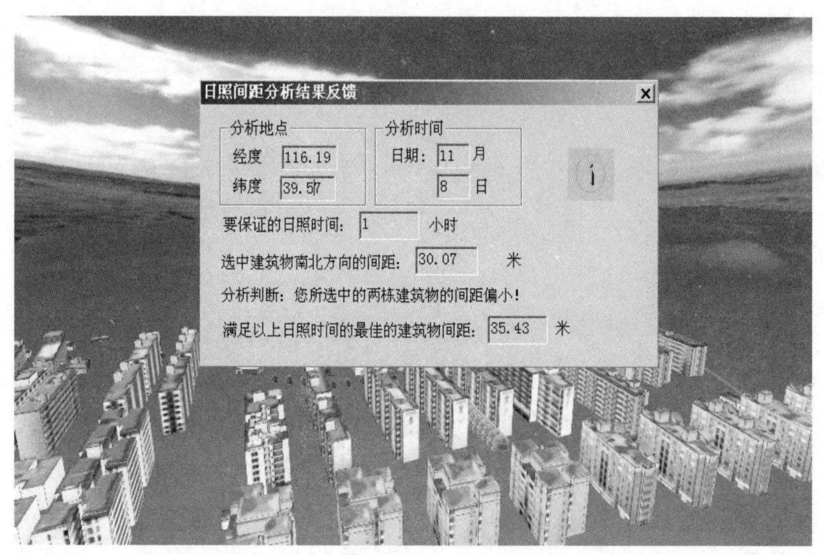

图 5-11 日照间距分析实验结果

5.3.4 日照分析的关键技术

建筑物的日照分析是 3DCM 辅助空间决策支持的典型实例。从决策证据支持的角度，研究了 3DCM 与太阳运动方程的集成应用，给出了城市空间环境规划必要的决策证据获取方法与实验结果。研究表明：

① 建筑物的日照分析是 3DCM 辅助空间决策支持的典型增值应用；

② 3DCM 的辅助空间日照分析能捕获比二维空间分析更多的支持证据，比如阴影、日照时间、日照间距等；

③ 3DCM 与太阳投射方程的集成应用能准确量化建筑物的阴影范围及日照时间，辅助建筑物间距、建筑朝向和建筑群布置等规划设计。

基于几何 3DCM 的日照分析模型及其辅助空间决策支持的关键技术包括：

（1）三维数据模型的设计

由于日照分析涉及的对象主要是三维建筑物，因此设计完整、高效的三维数据模型至关重要。但是尽管三维数据模型有了很多的研究成果，也提出了很多的三维数据模型[64, 65]，但经过实践证明单纯采用其中任一种都不能很好地满足数码城市的需要。在总结前人成果的基础上，针对三维城市模型的快速可视化和应用，本书提出了一种面向对象的、集 R 树概念和层次细节概念于一体的三维矢量数据模型（图 5-12）。R 树是目前应用最为广泛的一种空间索引结构。它具有较高的空间效率，可以保证其空间利用率在 50%以上。采用基于三维 BOX 范围的分层聚族式 R 树空间索引有利于数据的快速存取，并能有效组织不同尺度（实现不同细节水平 LOD 的控制）的模型，也为数据的分段处理与快速动态装载创造了条件。为了更完整、更真实地描述城市三维景观，引入了数字地面模型（DTM）和数字地面影像（DOM）这两类特殊的对象。

面向对象的思想直观体现了人们认识客观世界的规律，其设计方法和技术使得人们能够方便地实现他们眼中的对象客观世界。其抽象机制可以让人们从纷繁复杂的地理对象中得出它们的本质规律，并将各种共同属性和对它们的操作/方法封装为具有独立结构的类；其继承机制可以让祖先类（超类）的属性和方法遗传给其子孙类，从而实现共享，减少冗余；其聚集和联合机制可以让人们方便地构造任意复杂的对象。

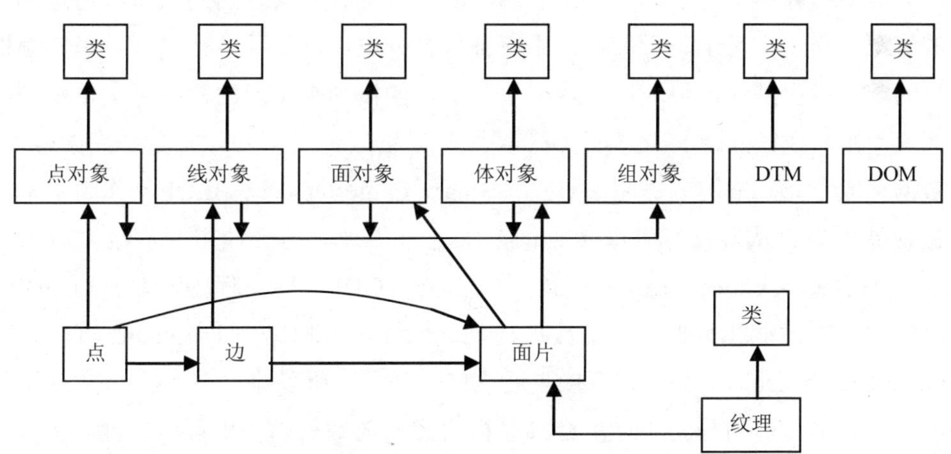

图 5-12　三维矢量数据模型结构设计

（2）基于 Oracle 的数据库管理

在数码城市中，三维建筑物形状的重建和绘制、表面性质的描述和材质参数都已成为数据库的一部分。一个成熟的 3D 数据库包括几何关系数据、照片纹理和其他附加信息数据，加起来将达到几千亿字节的数据。比如，深圳市的数字城市模型数据至少有 100 Gbytes。如此复杂、庞大的海量数据必须进行有效的组织和管理。传统的文件管理由于在数据共享、开发控制等方面的弱点使得它无法成为海量数据管理的主流，数据库是发展的必然趋势，近几年来发展起来的对象关系型数据库（如 Oracle）对海量的空间数据管理有它独特的优势。由于对象关系型数据库既保留了关系数据库的优点，也采纳了面向对象数据库设计的某些原则，具有将结构性的数据组织成某种特定数据类型的机制，这使得能够将在逻辑上需要以整体对待的数据组织成一个对象。因此，设计的系统选用了典型的 Oracle 数据库对数据进行管理。

但是，如直接使用 Oracle 数据库，其本身的管理功能并不能完全适用于空间数据特别是海量空间数据的管理，所以必须进行特殊的数据组织和建立恰当的空间索引机制。对于栅格数据，金字塔的分层数据组织结构通常是行之有效的方式，不同分辨率的数据可分别构架在不同的层次上，同时各层之间的联系可通过元数据的组织来描述。对于矢量数据，采用分区、分层、分类的方式进行组织。栅格数据的空间索引是通过引入层、片、块、格网的概念来实现的，三维矢量模型的空间索引则是通过改建的特殊的 R 树索引方式完成的。针对 Oracle 数据库的特点，在数据存取方面，采用二进制大对象（Binary Large Object，BLOB）作为基本的数据存储类型。从数据库存取数据的方式也有几种，由于使用开放数据库连接（Open Database Connectivity，ODBC）需要经过 ODBC 驱动程序管理器和 ODBC 驱动程序两层才能和数据库通信接口建立联系，与之相比由于 Oracle 接口调用（Oracle Call Interface；OCI）直接与通信接口联系，所以建立在 OCI 上的应用程序的执行效率会更高些。同时在 OCI 基础上开发的数据库应用程序，可以执行用户在运行时刻输入的 SQL 语句，对数据库表的操作将更加灵活。因此，在 OCI 的基础上设计数据库管理引擎。

（3）CAD 数据的嵌入与操作

通常规划设计中有相当一部分数据是由 CAD 系统生成的，这部分直接使用 CAD 系统（3D Studio MAX/AutoCAD（3D）/MultiGen）设计的数据可以逼真地表示规划设计城市的精细结构和材质特征，不仅能表示城市外观，而且还能充分展现建筑物的内部形态。从设计的层次上可以达到较高水平的细节程度（“真三维”实体）。但是该方法成本很高而且模型数据量很大，所以 CAD 系统的设计方法一般用于局部表现和创建一些复杂但重要的地物模型。尽管如此，由于 CAD 系统在规划设计行业中影响巨大，以至在规划设计中必须考虑这部分业务与整体系统的衔接。在进行日照分析应用中，必须将这部分 CAD 设计的数据融入整个的平台中进行可视化表达和分析应用，同时也有必要将 CAD 数据进行管理以便使 CAD 系统或开发平台能方便地操作数据库中的 CAD 数据。因此如何将 CAD 数据嵌入数码城市 GIS 数据并进行各种相关的操作是很关键的问题。

系统在处理这个问题时提供了三条路径：第一，提供 CAD 数据和数码城市 GIS 数据的交换功能，值得注意的是二者的数据交换不仅仅是两种文件格式的简单交换，更重要的是二者概念和内容的转换。CAD 数据考虑的主要是造型设计和建模，因而在图形数据的组织和表现上有强大的优势，同时它不关注实体之间的拓扑关系，对实体的属性信息也常常忽视；相比之下 GIS 更关注实体对象间的拓扑关系，强调空间信息和属性信息的紧密结合，以及在此基础上的查询和分析等。所以系统提供了一系列的工具来处理这些问题。第二，将 CAD 对象作为 GIS 数据的一种完整对象直接进行表示和应用，也就是将 CAD 数据当做一个“数据包”放入数据库中，只有当应用分析时才将其进行剖析或转化为 GIS 数据，这种方式适合于 CAD 系统的调用和数据库中 CAD 数据与 GIS 数据的交换。第三，这种方式与第二种方式类似，但需要将 CAD 数据进行分析并对数据重新组装以形成新的适合于可视化与应用分析的高效结构。

（4）日照分析技术

日照分析中的主要技术是太阳运行轨迹的计算、日照时间的计算、日照间距的计算，其他相关的技术（包括阴影分析、日照平均测试、日照等时线绘制、满窗计算、临界轮廓计算等）均可通过上述三个方面扩展而得。

1）太阳运行轨迹的计算

要想准确计算日照环境数据，必须计算太阳在任一时刻的位置，而太阳的位置可由太阳的高度角和方位角来确定。关于太阳高度角和方位角的计算公式，详见 5.3.2。根据太阳高度角和太阳方位角的计算公式，可计算出日出至日落时的太阳运行轨迹数据。

2）日照时间分析新算法的设计

计算空间中某一点是否被建筑物遮阳是日照时间分析的关键技术。目前使用较多的判断遮阳的方法比如日棒影图、日照圆锥面等。其基本思路都是先取建筑物底面所在的高度上的水平面为阴影承影面，然后求取建筑物在该承影面上的二维阴影多边形，通过判断该点与二维阴影多边形的位置关系则可得出该点是否被建筑物遮阳。使用该算法，要得到准确度的计算结果，前提是要保证预计算的点在承影面上。但在实际应用中，要计算的点常常不在承影面上，这种错误的发生导致日照时间计算的精度较低，甚至产生计算的结果与实际情况明显不符的情况。解决这一问题的关键在于摒弃二维思维的限制，在三维空间中考虑这一问题。

本书采用通过点与影域（Shadow Volume）[66]的关系来判断该点是否被遮阳。其主要思路是先对建筑物的每个面进行日照判断，判断点是否在（空间多边形）这个面形成的影域内；然后对所有面的判断结果进行求交，只要点落在建筑物其中一个面的影域内，则可认为点被建筑物遮阳。实际应用中，为了加快计算速度，在判断点是否在墙面的影域内之前，首先要判断该墙面是阳面还是阴面。如果是阳面，则需要判断点是否在墙面影域内；如果是阴面，则不需要判断。这样可以减少将近一半的计算量，从而可提高计算的速度。关于如何判断该墙面是阳面还是阴面，详见 6.2.2 有关模型自身遮挡筛选的部分。

3）组件式 GIS 技术

自从微软提出 OLE/ActiveX 控件规范以来，组件式软件技术已经成为当今软件发展的潮流之一，在面向对象的编程技术在发挥了它的全部潜力之后，已经成为一群对象的孤岛，这些对象不能穿越应用程序的边界这一海洋，因而不能以一种有意义的方式彼此交流信息。而组件式设计思想的关键点在于：程序代码片段可直接使用，无须重新编译，开发人员不需要程序源码；组件不限于一种编程语言，即所谓“二进制重用”。与传统的 GIS 系统在集成上存在的系统整合性差、自带的二次开发语言难以开发复杂的应用模型，应用开发难度大、成本高的缺陷相比，由于 COM 技术事实上已成为业界标准，GIS 开发人员可以自由选择 VC、VB、VF、BC、DEPHI、C++ Builer、PB 等专用程序设计语言来开发出高效无缝、低成本的 GIS 应用系统，同时在与 MIS 耦合、Internet 应用和使用复杂性等方面也具有明显优势。把 GIS 各功能模块做成控件，利用软件开发工具以搭积木形式集成起来，构成地理信息系统基础平台和应用系统是 Com GIS 的基本思想。组件式 GIS 以组件或插件的形式给相关的各种信息系统提供有关 GIS 和界面的功能，由组件对象通信层、空间数据管理层、GIS 功能层和 GIS 应用层共同搭建起一个 GIS 服务组件为各种信息系统服务；随着空间数据一体化数据引擎的实现，解决了空间数据共享和互操作问题；能支持用户与服务器之间的异步数据更新，从而大大提高用户端分布系统的工作运行效率及数据安全性。

5.4　基于 3DCM 的辅助城市空间设计

5.4.1　城市空间设计研究现状

GIS 强大的管理空间信息的功能，可以把社会、经济、人口等属性信息与地表空间位置相连，以组成完整的规划信息数据库。不仅方便查询、管理、分析、调用和显示；同时 GIS 也提供了许多地理空间分析功能如图层叠加、缓冲区、最佳路径、自动配准等。近年来，随着人们对城市空间环境形象要求的不断提高，在城市建设领域城市设计重新得到重视，传统的侧重于功能和经济的二维规划向富于人性化的三维城市空间规划发展。这样一来传统的二维 GIS 已不能满足城市规划与城市设计所提出的多维动态空间分析的要求。数码城市 GIS 在兼具传统 GIS 较强分析功能的同时，还强调了较强可视性和三维空间分析功能；数码城市 GIS 由于在空间数据的存储、转换、分析等方面的突出表现，因而在城市规划与城市设计领域无疑具有不可比拟的优势。

2000年悉尼奥运会的场馆，在设计过程中大规模地应用了虚拟现实技术；此外，为了服务2000年奥运会，悉尼市还于2000年建立了全市三维仿真平台用于信息服务、交通分析指挥、城市建设管理等方面，取得了巨大的成功。在申办2008年奥运会期间，加拿大政府也使用了虚拟现实技术进行多伦多市的城市规划与管理，并把它作为申办2008年奥运会的重要宣传资料。

在2008年的北京奥运会规划中，中国科学院遥感所研制开发的数字奥运三维仿真系统在奥林匹克公园总体规划设计、奥运体育场馆建筑设计、交通设施规划设计、安全警戒分布等方面都得到了应用。该系统为奥运规划设计构建了一个三维仿真环境，实现了奥运总体规划设计、体育场馆详细设计的评估，不仅提高了奥运工程项目评估质量以及奥运方案设计和修正的效率，还促进了公众参与和奥运各部门之间的协同作业，丰富了奥运展示手段，提高了奥运宣传效果。

英国伦敦大学学院的高级空间分析中心在多维城市模型与应用中也进行了诸多研究。Michael Batty教授及其研究小组成员利用三维仿真技术（模拟再现城市景观）和GIS技术作为城市重要地段和大范围城市设计研究的辅助手段，利用CA（Cellular Automation）、Space Syntax等多种不同的空间分析方法，对伦敦旧城区保护和一些重要地段的城市设计进行了空间分析和决策支持；并在提供网络互动、网上公众参与（Share Architecture）等方面进行了研究和实际应用[67, 68]。

我国北京、上海、深圳等一些大城市也已经取得了一定的研究成果。例如在北京商务中心区、上海浦东开发区、深圳福田中心区的规划中均进行了城市三维仿真技术的初步尝试，并取得了较好的效果。这种技术手段不仅最大限度地还原了城市现状面貌，而且将规划方案与之嵌合，模拟了方案实施后的城市景观，进行了多视角和动态的城市设计分析及规划方案评价，为城市规划建设和领导决策提供了更为直观、可靠、科学的技术手段。

尽管如此，对于三维空间分析应用的研究远远落后于三维数据获取、建模技术的发展，可以说三维城市模型在城市设计中的应用还有巨大的潜力。评价城市空间质量的原则应有：感官舒适、视觉愉悦、使用方便，因此3DCM在城市空间设计和研究中的应用包括以下几个方面：城市空间物理质量控制、城市空间视觉质量控制和城市空间结构分析。

5.4.2　基于 3DCM 的城市空间设计研究意义

城市设计是对城市环境和城市形体的整体构思和安排，它贯穿于城市规划的全过程。城市设计被 Barnett 定义为：对城市的发展、保护和变化给出实体设计方向的过程。控制和引导城市空间的形成过程是城市设计师的主要任务；三维城市模型由于其具有多维性、可视性和多属性特征，无疑是这一过程的有力工具。

传统二维 GIS 在城市规划领域的应用已有相当长的时间，并取得了很多应用成果，但在城市设计领域却鲜有提及，这是因为现实的多维环境很难获得二维的准确表达。三维城市模型（3DCM）的产生和发展为新技术在城市设计领域的应用打开了一扇新的窗口。3DCM 主要的数据源是摄影测量与遥感数据，加之激光扫描技术、干涉雷达测量技术和高分辨率卫星图像技术等的应用，为大范围三维景观模型的快速获取提供了可能。

3DCM 作为数码城市 GIS 的主体，是虚拟现实和 GIS 的集成，有别于三维 CAD 模型。3DCM 不仅仅是城市中各种几何地物的模拟和重建，其除了具备几何特征外，还包含地理位置信息和其他属性特征，如位置坐标，建筑物高度、颜色、纹理等。尽管 3DCM 的最初意图是城市仿真和可视化表达，但时至今日，3DCM 在城市规划和设计的决策支持应用方面已有了深入的拓展。

根据建筑物的底部边界线（传统的二维线划数据如 GIS 中的 DLG）和相应的高度属性进行三维重建所形成的体块模型（block），可以用于小尺度城市空间研究，如城市 CBD 的天际轮廓线变化和城市肌理的时空演变。但对于大尺度空间研究，三维体块模型是远远不够的；往往通过读取和导入精细的 CAD 数据、3DMax 数据等多种数据格式，来实现 3DCM 数据的完美表达，从而更好地满足城市空间设计和管理的要求。

5.4.3　城市空间物理质量控制

空间的物理质量决定着人们感官的生理舒适程度，对城市声、光、热环境和污染状况可以通过 3DCM 建立物理质量控制模型来进行分析控制。

城市空间的物理环境包括声、光、热环境，这是评价城市空间是否满足人们基本生存需要的控制因素。传统 GIS 只能在二维角度进行分析，对于不同地形不同楼层的城市空间则无法控制分析，而数码城市 GIS 可以充分发挥多维优势，解决这一问题。武汉大学摄影测量与遥感重点实验室所开发的 CCGIS 已经对这一功能模块进行了开发，可以给用户一个友好直观的界面，分析建筑物日照条件和阴影范围等。在城市三维环境里进行日照分析，可以选择任意时间任何地点在某一建筑物上某一点一天内的日照时间，并与设定时间相比较，以评价该建筑物的日照条件和确定合理的日照间距。更为有价值的是，设定时间段内建筑物阴影的变化可以被动态模拟，以确定该建筑物对周围环境的遮挡情况，评价该区域的日照条件，为土地利用规划和空间设计提供决策支持。2003 年 SARS 期间，香港媒体报道了淘大花园 SARS 爆发的原因。其中一个原因就是淘大花园的通风组织问题。这是香港中文大学邹经宇教授通过计算机上的模拟计算得出的分析结果。

5.4.4 城市空间视觉质量控制

城市空间的视觉质量决定着人们的视觉引起的心理愉悦程度。对于城市设计来说，其主要研究对象是城市的体形结构与各个要素之间的关系，包括城市的天际线、制高点、边缘和入口、建筑物、街道、广场、视线走廊、水景和绿化等，因此，在设计过程中需要进行大量的空间形象思维。同时，在设计过程中，又应以城市使用者的感受为核心，分析城市设计各要素及要素之间的关系。今天的城市设计师需要有多种技术手段来辅助进行形象思维和空间造型。

城市空间视觉环境是人们对城市中的城市空间要素如：道路、绿化植被、水体、建筑物、构筑物等围合形成的公共活动空间的视觉感受，主要强调从视觉的角度来理解空间，这也是城市设计的主要内容。国外很多城市都制定了详细的城市设计导则，力图对城市空间视觉环境进行控制（图 5-13）。

近几年来由于硬件技术和软件算法的飞速发展，自动视觉分析的发展可谓是方兴未艾。未来在这一领域将会最终解决困扰已久的三维城市或自然环境中的视觉分析问题。数码城市 GIS 可以对城市设计中各城市空间要素进行定位、定性、定量控制，并通过建立多维空间分析模型进行空间决策。根据城市设计导则对城市空间设计的不同要求，基于城市三维模型的视觉分析可以进行建筑物视线遮挡计算、广场或街道的视觉连续性分析、开放空间视觉围合度分析和城市天际线分析等。

香港中文大学建筑系就效能评估中城市空间的视觉景观延续性这一因素，研究开发评估手段的可描述性和可预测性，从而避免或减少了设计及管理中的盲目行为。通过分析典型居住小区布局中公共广场各个位置的视觉景观在不同的尺度视景范围内的可视程度，可进一步表征公共开放空间整体环境内视野开放性的分布模式，为公共空间的舒适性提供视觉景观方面的评估依据。

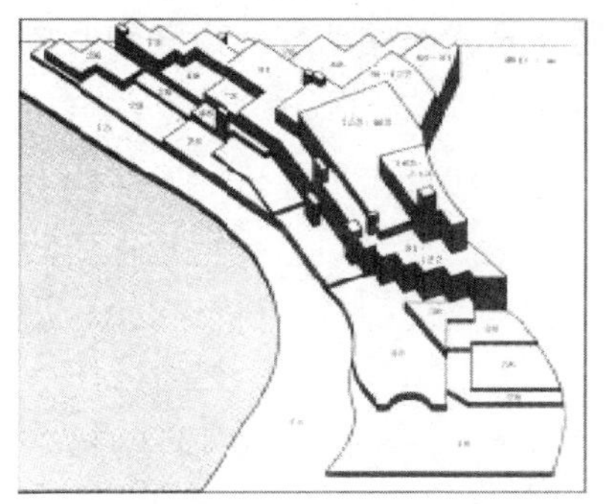

图 5-13　西雅图城市中心区建筑高度控制概念图

图 5-14　丽江古城——自然的空间秩序

5.4.5　城市空间结构分析

空间形态学分析无论对于城市设计还是建筑设计来说都是非常重要的，它主要基于三个原则：形式、尺度和时间。形式由三个物质方面的因素所决定：建筑物和与之相通的开放空间，街区和街道。尺度一般被认为有四个层次：单体建筑，建筑群、城市和区域层次。由于城市形态的各个要素都随时间的变化而不断转换和更新，因此我们必须在考虑尺度和时间的情况下对城市形态进行分析。其他一些形态学的特征包括：规则、对称和整合。

可以说，城市空间结构的优化是城市形态学的主要内容，因此城市空间结构的优化也需要考虑尺度和时间所带来的影响。数码城市 GIS 所独具的时空数据处理和分析能力是进行空间结构优化的有力工具。利用元胞自动机（Cellular

Automata，CA）和空间句法等一些先进的空间分析模型，可以对城市空间结构优化和城市空间形态演变等一些宏观的城市问题进行研究[69]。空间句法是一套进行城市形态分析的理论和工具。它有三种空间分割方法：轴线分割方法；凸多边形分割；基于视区的空间分割方法。空间句法量测地理数据库使得用户可以从不同角度研究街道的可达性，其中一个重要的分析就是找到两个量测对象之间的连通关系和结合关系，为研究某点的可达性提供依据[70]。

数码城市 GIS 在城市空间结构研究问题上还有着很大的应用潜力。在我国有一些古老的城市，是当地居民在长期的城市生活中按照自然的秩序形成的，相比较于现代城市，这些城市的城市空间结构有着非常优美的韵律，街巷和开放空间充满着浓厚的生活气息和人情味（图 5-14）。在现代生活的冲击下，这些城市空间正在慢慢消失，研究这些城市的城市空间结构对现代城市的建设和发展都有着历史意义。

5.4.6 应用要求

（1）二维地图和三维模型的实时显示

在多维环境中，由于信息量的丰富，人往往会失去方向感，此时借助二维地图会很有帮助。当漫游于三维城市模型中时，人们需要知道自己的方位，因此我们所要做的就应该是使二维地图和三维模型显示共存于同一个界面中，并实时显示。同时由于二维 GIS 在空间量测和分析中有着不可取代的优势，因此在三维城市模型中还应继续保留这些功能。这样二维 GIS 和三维城市模型的优势都可以被充分利用。

（2）联动分析

尽管人们花费了大量的精力和金钱来发展决策支持系统，但有很多自从建成以后根本就没用过，其中一个重要的原因就在于用户发现这些系统做得如此细致以至于使用起来非常费时费力，而且只能得到影响整个事件的其中一个分析结果，最终使得人们还是选择了简单易行的经验判断[71]。现在的一些基于城市三维模型的空间分析和决策支持系统都是仅针对某一方面，但设计过程复杂，牵涉很多影响因素。如果能将这些涉及的影响因素综合在一起，进行联动分析，则可以使操作更加方便、合理，最终让使用者重新回到科学分析的途径中来。

5.5　本章小结

本章主要研究了 3DCM 的空间定量分析典型应用，包括大气污染、噪声污染、日照时间、电磁波覆盖、风水、人文景观、城市地表水、台风、地磁场、恐怖袭击分布等，并重点对无线信号场强覆盖预测、日照分析模型及其辅助空间决策支持、城市空间设计等领域的应用模式和方法做了详细介绍，为 3DCM 空间定量分析的应用前景指明了方向。

第 6 章　3DCM 空间定量分析方法及应用

6.1　基于.NET Remoting 的射线跟踪并行计算

6.1.1　引言

射线跟踪算法由于计算精度高，在无线电网络中扮演着重要的角色，但算法的耗时性直接影响了其工程应用，快速准确的射线跟踪算法是学术界研究的重点。近年来，国内外学者提出了一系列加速算法，归纳起来分为两类：一是降维的方法，即利用射线在地面上的投影，通过平面射线跟踪来计算射线空间传播路径[72]；二是利用空间分区技术，通过把不可能相交的那些多面体面剔除，从而减少射线和多面体面相交检测的次数，进而可提高阴影测试的效率，比较经典的方法有二元空间分区、空间体积分区和角度的 z 缓存区等[73]。此外，围绕空间分区发展了多种算法[74-76]。降维和空间分区技术提高了计算速度，却降低了计算精度。

提高计算速度但不降低精度最有效的方法是并行计算，国内外的学者已经提出了一些并行算法：Cavalcane 等围绕射线发射法（Shooting and Bouncing Ray Launching Algorithm，SBR）构建了一个全过程的并行算法[77]，但场景数据预处理的过程较长；Chen 等提出在工作站网络（Network of Workstations，NOW）上进行射线跟踪并行计算的架构，论述了有关主存储消耗、中间数据集和最终预测结果方面产生的问题[78]，但在主存储器消耗问题方面涉及高复杂度的计算；刘海涛等提出了对等模式和主从模式两种并行算法[76]，但并没有细致地介绍任务分配策略；杨锦辉等提出了一种基于三维 SBR 法的并行电磁波传播预测算法，并对并行算法流程进行了描述[79]，但算法使用的管理者—工作者并行模式降低了并行效率。镜像法比 SBR 法的效率更高且更精确[80]，但它的并行计算方法却少有提及，并且 Athanaileas 指出，基于镜像法的射线跟踪并行计算方法并没有在文献中得到研究[81]。本书根据.NET Remoting 应用程序的架构，设计了基于镜像理论的射线跟踪并行计算模型，并通过仿真实验验证模型的精度和加速效果。

6.1.2 计算原理与方法

（1）镜像法

镜像法于 1993 年提出[82]，是射线跟踪法中的反向算法。该算法定义了发射源、反射源、绕射源三类虚拟源，通过构建虚拟源点层次树来确定射线跟踪的路径。首先从发射源（一次虚拟源）出发，在墙面或墙角的可视范围内产生反射和绕射虚拟源（二次虚拟源），这两类虚拟源又在各自的可视范围内产生新的反射和绕射虚拟源，依次类推，直到达到预设的深度限制，通过该过程构建了虚拟源点层次树（图 6-1）；接着从树结构的最末端（场点）出发，遍历虚拟源点层次树，找出所有从源点到达场点的路径，通过几何运算确定射线与路径上反射面和绕射边缘的交点，确定射线传播路径；最后用一致性几何绕射理论（Uniform Theory of Diffraction，UTD）公式和其他的一些公式计算出每条路径的场强，把场强做相干叠加，从而求出场点的总场强。在镜像法中，三次以上的反射、两次以上的绕射通常可以忽略不计[83]。

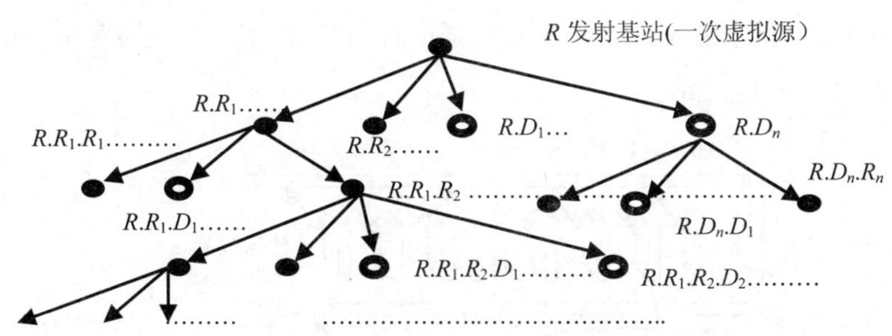

图 6-1 虚拟源点层次树结构

（2）.NET Remoting 技术

.NET Remoting 是.NET Framework 提供的一种优秀的分布式应用开发技术，

它提供了一种允许不同应用程序中的对象进行交互的框架，可以轻松地构建大范围分布式应用程序。在.Net Remoting 中，通过通道（Channel）实现不同应用程序之间的通信。首先，客户端通过远程对象（Remoting）访问通道以获得服务端对象（Server object）；然后通过代理（Agent）解析为客户端对象（Client object）；最后客户端通过远程对象连接服务器，获得该服务对象的引用并通过序列化在客户端运行。相对于消息传递接口（Message Passing Interface，MPI）平台，.NET Remoting 技术更好地屏蔽了计算的分布性，简化了并行计算代码的复杂程度。使用.NET Remoting 技术构建的分布式并行计算应用程序主要由远程对象、服务端的应用程序和并行计算管理程序三部分组成[84]。

6.1.3 射线跟踪并行计算模型

（1）射线跟踪并行计算模型的结构

射线跟踪算法涉及路径的建立和场强计算两部分。在镜像法中，路径的建立是通过构建虚拟源点层次树来实现的，射线要经过遮挡、相交测试，并且须判断射线与反射面和绕射边缘的交点，这一过程是射线跟踪的主要耗时部分，需要进行任务分配。场强的计算包括单场和总场的计算，单场通过反射和绕射公式计算，总场是射线末端单场的矢量和，这个过程任务量不大，不需进行任务分配。基于这种思想，利用计算管理器（Head node）对虚拟源点层次树进行任务分配，由计算节点（Nodes）进行路径的计算，而场强的计算则由计算管理器完成。射线跟踪并行计算架构如图 6-2 所示。

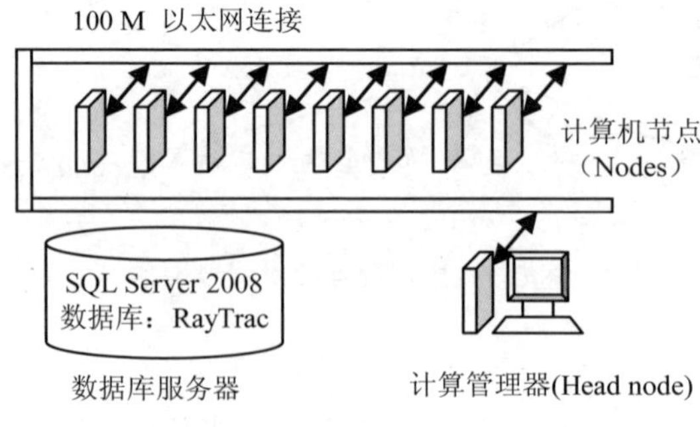

图 6-2 射线跟踪并行计算架构图

根据虚拟源点层次树对计算任务进行分配，概括起来包括以下的 6 个步骤：① 计算二次虚拟源；② 按二次虚拟源的每个节点的子树为单位进行任务分配；③ 通过管理程序调用并启动远程计算对象，将计算的节点传给计算服务程序，由服务程序到数据库服务器检索分配给节点的虚拟源的有关数据，计算其所有子虚拟源，直到满足终止追踪条件为止（场强衰减到指定值）；④ 一个节点完成了一个计算任务后，将计算结果保存到数据库，然后产生一个事件，通知头节点计算完成，由头节点分配下一个计算任务；⑤ 当所有二次节点都分配完后，以场点为单位划分任务，计算射线追踪的路径；⑥ 计算完每个场点的所有路径后，由头节点进行场强的计算。

（2）基于.NET Remoting 的射线跟踪并行计算的实现

根据.NET Remoting 应用程序架构，射线跟踪并行计算程序由计算节点程序和主节点程序组成（图 6-3）。主节点负责对各计算节点的监控，计算节点则控制不同的并行计算功能，并对远程对象进行传递。

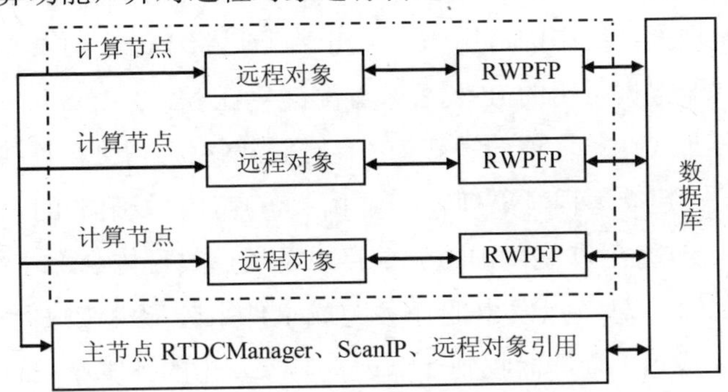

图 6-3　射线跟踪并行计算组件布置图

主要的程序集如下：

RWPFP：主要完成可视虚拟源的查找建立（包括反射镜像源和绕射双点源），每个场点的传播路径以及场强的计算。

RemoteObject：主要发布 RayTraceDistribute。

Compute.RemoteObject：远程对象，注册 TCP 通道，用于连接自己或者他人的服务器。

计算节点程序又分为 RemoteObject、RTDCService、SubNode 三个子类：

RemoteObject：主要作用是远程对象的调度，任务的分配，并且根据子节点返回的信息判断计算是否完成，最后将结果传输到可视化显示和分析单元。

RTDCService：主要是在系统启动的时候加 RTDC 服务，并且根据数据库的信息，对远程对象进行配置，然后进行发布。

SubNode：主要是使用 WellKnown Service-TypeEntry（）方法发布已经配置好的远程对象。

头节点程序和子节点程序一样具有 RemoteObject 远程对象服务程序，将序列化之后的远程对象根据事件响应函数的判断进行任务分配，其功能与子节点的相同。与子节点程序不同的是，头节点具有主控台程序，它包括 RTDCManager 和 ScanIP。RTDCManager 是射线跟踪分布式计算管理器，主要调度整个射线跟踪分布式计算，当计算全部完成后，事件接收器收到计算远程对象发出的计算结束事件，然后发出事件给管理器，由管理器控制程序进行后续工作。ScanIP 是网络 IP 扫描器，主要是搜索网络中的可用 IP，做出判断后将 List（列表）发送给事件接收器，事件接收器根据可用的 IP 列表来分配计算任务。

射线跟踪分布式计算管理的步骤为：① 扫描网络，得到可连接 IP 列表，然后连接各计算机，建立远程对象列表；② 由头节点计算发射源的二次反射和绕射虚拟源，分别将二次反射和绕射虚拟源数目以及场点数目传给管理器的静态成员，由管理器根据每个计算节点发出的任务完成事件来分配继续进行的计算任务；③ 当计算全部完成后，管理器收到计算远程对象发出的计算结束事件，然后发出事件给管理器，由管理器控制程序进行后续工作。

6.1.4 实验结果和分析

为了验证模型的精度和加速效果，以单个基站为中心，选择环绕基站街道为路径，利用场强路测仪配合 GPS 连续获取沿路电磁波场强数据，其中基站高 50 m，测试仪高 1.5 m，基站发射频率 913 MHz，发射功率 50 W，基站及预测点分布如图 6-4 所示。

图 6-4　基站及预测点分布图

仿真实验在六台 PC 机上进行，三台 AMD Athlon（tm） 64×2 Dual Core Processor 4400+ 2.31GHz，内存 1GB；两台 Pentium（R） Dual-Core CPU T4400@2.20GHz，内存 2G；一台 Intel（R） core（TM）i3 CPU M350@2.27GHz，内存 2G。它们通过一个 100 M 的自适应 Hub 相连，各计算节点的 PC 机在 Windows XP 环境下运行，并在各 PC 机上安装射线跟踪计算程序。设置射线跟踪递归深度为 5，其中反射和绕射损耗权值分别设为 1 和 3，即只考虑一次绕射。建筑表面和地面的平均电性能参数的选择参照文献[85]，即建筑表面ε_r=3F/m，σ=0.005 Ω/m；地面ε_r=15 F/m，σ =7 Ω/m，其中，ε_r 为普适常数，也叫真空介电常数。场强预测结果如图 6-5 和表 6-1 所示，并行计算加速性能如表 6-2 所示。

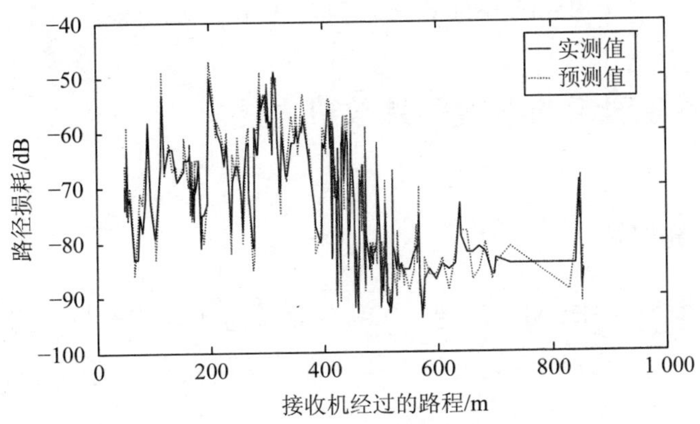

图 6-5　实测值与预测值结果比较

表 6-1 实测值与预测值的误差

项目	最大误差/dB	平均误差/dB	标准差/dB	均方差/dB
实测值—预测值	±5	−0.625	3.028	3.087

表 6-2 并行计算的加速性能

PC 数目	计算时间/s	并行加速比	并行效率/%
1	1 252	—	—
2	954	1.31	65.6
3	509	2.46	82.0
4	347	3.61	90.2
5	261	4.80	95.9
6	219	5.72	95.3

从图 6-5 中可以看出，预测值的总体趋势和实测值是一致的，大部分点与实测结果较为符合。表 6-1 显示预测的平均误差为−0.625 dB，标准差和均方差分别为 3.028 dB 和 3.087 dB，模型的预测精度较高，产生的误差可能与射线跟踪递归深度的设置有关；另外，预测时所取的建筑物材料的参数是平均值，并非精确值，这是造成偏差的另一个原因。表 6-2 显示了射线跟踪的加速性能，可以看出，随着 PC 数目的增多，计算时间明显减少，当 PC 数目增加到 5 和 6 时，并行加速比分别为 4.80 和 5.72，相应的并行效率达到了 95.9%和 95.3%，加速效果明显。

6.2 基于镜像理论的射线跟踪改进方法

6.2.1 算法研究概述

三维城市模型（3DCM）的建立，极大地促进了人们对三维虚拟现实的深入认识，借助 3DCM 进行环境规划和工程项目的整体设计，辅助三维可视化决策，已经成为一种时尚的高效手段[86]。移动网络规划是 3DCM 应用中的重要方面，其中的场强覆盖预测是 GIS 在蜂窝网络场强预测中的新应用[87]。射线跟踪算法由于其计算精度高，在蜂窝场强预测中扮演着重要的角色，但算法的耗时性直接影响了其工程应用。近年来，国内外的学者在算法的加速方面进行了大量的研究，常用的做法是采用空间分区技术[88]来降低射线与多面体的求交次数，其中二元空间分区（BSP）、空间体积分区（SVP）、角度的 Z 缓存区（AZB）、镜像法、枕形法是比较经典的算法。国内围绕空间分区技术也发展了多种算法，Gatedra 等通过对建筑物和绕射点进行分区，减少了射线同建筑物的求交运算次数，大幅提高了射线跟踪法的计算效率[89]；梁晓辉等把“邮箱”技术嵌入四叉树中，避免了四叉空间划分所带来的重复计算问题[90]；袁正午等提出了基于历史缓存技术的射线跟踪加速算法，通过建立缓存区存储历史信息，以减少每条射线必须处理的建筑物面的数量，以及射线与建筑物面相交时的无效交点的计算量[91]；袁正午等还在镜像法中采用了“包围盒”技术，间接地减少了射线相交判断的次数[92]。空间分区技术在提高计算速度的同时还降低了计算精度。此外，有学者提出了射线跟踪并行计算的方法[79，93，94]，但并行计算在任务分配、负载平衡设计方面有一定的难度。本书对镜像法进行了改进，提出统一虚拟源双向射线跟踪算法，该算法把数据库技术贯穿在整个流程中，可以快速检索出射线传播路径，同时独特的双向搜索技术也保证了计算的精度。

6.2.2　统一虚拟源双向射线跟踪算法

用镜像法进行射线跟踪时，关键是筛除所有无效像点，保留有效像点[95]，因为在 n 个面的环境中，考虑 m 次反射，则有 $n(n-1)^{m-1}$ 个镜像点；而在一个城市中，建筑物的数量巨大，这样产生的镜像点呈指数级别增加，因而跟踪每一条由源点（或镜像点）到达场点的射线的计算量变得难以承受。统一虚拟源双向射线跟踪算法的思路是根据镜像法的特点，设计合理的数据库，再利用数据库的排序检索功能，快速检索出有效的镜像点，从而建立射线跟踪的有效路径。该算法分为正向搜索和反向搜索两个过程，通过正向搜索在数据库中存储了可视多边形、可视棱边和可视场点，构建了虚拟源点层次树；反向搜索从场点出发，通过有效性检验建立了射线跟踪路径，最后把场点处的场强叠加，就可以求出场点的总场。

（1）射线跟踪数据库的建立

数据库设计的关键是能够正确地存储和读取数据。数据库设计的好坏与射线跟踪运算的速度有着直接的关系。如果数据库中考虑了所有的地物，对建库显然是不现实的，并且有研究指出[92]：即使是对小区进行真实的建模，在增加数据库数据量和算法计算量的同时，对计算结果也没有明显改善。因此，在对小区进行建模时，要进行一定的简化，重点考察建筑物和地面特征。为了适应射线跟踪计算，并且提高射线跟踪运算的速度，本书设计了三个数据库表：模型顶点表、多边形表和劈表，如表 6-3、表 6-4 和表 6-5 所示。

表 6-3　模型顶点表

关键字段	代表信息	关键字段	代表信息
id	主键	Polygon	多边形编号
X	顶点坐标	index0	树子节点的索引
Y	顶点坐标	azimuth	源点到顶点的方位角
Z	顶点坐标	inclination	源点到顶点的倾角
type	点类型	PGV	可见面标记
Distance	源点到每个顶点的距离	samePoint	相同点编号
Multipatch	模型编号	CAL	计算标志

表 6-4　多边形表

关键字段	代表信息	关键字段	代表信息
id	顺序号（主键）	Polygon	多边形编号
X_{min}	包围盒坐标	CAL	计算标志
Y_{min}	包围盒坐标	MIR	反射面标记
Z_{min}	包围盒坐标	V_x	面法向量
X_{max}	包围盒坐标	V_y	面法向量
Y_{max}	包围盒坐标	V_z	面法向量
Z_{max}	包围盒坐标	E_r	介电常数
Multipatch	模型编号	O_m	电导率

表 6-5　劈表

关键字段	代表信息	关键字段	代表信息
id	顺序号（主键）	Polygon1	棱边多边形 1
Multipatch	模型编号	Polygon2	棱边多边形 2
index1	棱边顶点索引 1	CAL	计算标记
index2	棱边顶点索引 2	—	—

顶点表中除了记录顶点的坐标外，还包含了很多数据：Distance、azimuth、inclination 用于射线可视范围的确定；PGV、CAL 是参加遮挡计算的标志，可以把参加计算和不参加计算的面区分开来；Multipatch 和 Polygon 用于建立索引，可以把不同模型的顶点区分开来。在建立模型中，相邻接的多边形共用一个顶点，因此我们要给相同的点进行编号。为简化几何建模过程，利用包围盒技术对模型进行了简化。所谓包围盒技术，就是用一个可以覆盖其全部面积的最小外接矩形来表示对象。由于建筑物的电学特性体现在组成建筑物的各个面上，因而多边形数据表中应该包含模型的电学特性数据、包围盒坐标、法向量（用于进行面自身遮挡的计算）。在无线电波射线跟踪技术中，劈储存在数据库中对射线跟踪有特殊的意义，它可以加快射线跟踪的速度并提高算法的效率。尽管可以从模型中可以直接得到劈的信息，但如果在数据库中用直接的方式来描述劈的信息，将会给后续计算带来更大的方便。劈必须遵守规定：一个多面体面边界不能被多于两个多面体面所共有，这就要求在建立拓扑关系时合并相同的棱边。

（2）正向搜索

建立了数据库后，就可以进行正向搜索了。正向搜索是建立可视多边形、棱边以及可视场点的过程。计算开始时，输入的是发射源（虚拟源树的根节点）数据，通过递归算法不断迭代，计算出此节点下所有的子虚拟源，计算完成后得到了虚拟源点的层次树。对于一个源点（虚拟源）来说，构成其周围环境的表面都是层层叠叠的，因此要进行遮挡测试。遮挡测试的基本原理是：从源点引一条线到需要进行测试的表面的边缘点，看是否有更近的反射面将面遮挡。在计算中，首先计算出源点与所有多边形顶点连线矢量的方位角（azimuth）和倾角（inclination），然后在数据库中进行排序，从而快速筛选出源点被模型多边形遮挡的情况。遮挡测试后，在进行射线追踪时，只考虑那些没有被遮挡的面，从而进一步缩小了反射面的计算范围。

1）模型自身遮挡筛选

在三维环境中，模型会发生自身遮挡现象。模型自身遮挡的计算是通过判断射线的方向向量与多边形墙面的法向量的夹角来实现的。设射线的方向向量和多边形墙面的法向量分别为$\overrightarrow{n_r}$和$\overrightarrow{n_w}$，$\overrightarrow{n_r}$和$\overrightarrow{n_w}$的夹角为θ_i，如果该夹角大于 90°，即$\overrightarrow{n_r} \cdot \overrightarrow{n_w} < 0$，则该平面不被遮挡（阳面），否则该平面被遮挡（阴面）（图 6-6）。通过对多边形墙面进行筛选，排除了模型自身遮挡的情况，由于该过程只需对阳面范围内射线与面相交的情况进行判断，而对阴面范围内的射线不需要判断，因此可以减少近一半的计算量。

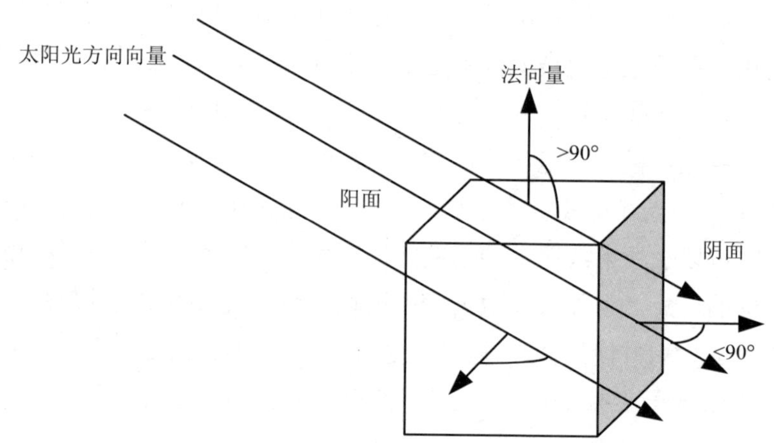

图 6-6 模型多边形自身遮挡判断

2）源点作用范围的筛选

并非每个多边形面都能产生反射和绕射，能够产生镜像源的面必须在可视空间内。发射源的可视范围为周围 360°的空间，反射源的可视范围为镜像点与反射面边缘连线所决定的区域；而绕射源可视范围的确定是一个复杂的过程，它是由棱边的两个多边形共同决定的，需要分开计算棱边的两个多边形的可视范围，最后结果为劈的两个点的可视范围之和。计算中只需对可视区域内的反射面进行遮挡测试，而对于可视区域外的反射面，则不予考虑，这样产生的镜像点的数目就会大大减少。

3）模型间的遮挡筛选

首先是对数据库中的每个模型，以最近距离为准进行排序，距离最小的面不会被遮挡，记录其相对于源点的方位角和倾角的范围；然后考虑较远的面是否被较近的面所遮挡，即看较远的面是否在较近的面的方位角和倾角范围以内；最后通过模型和多边形的索引号计算出被多边形遮挡的顶点，从而确定遮挡情况。

4）正向搜索的步骤

正向搜索的具体步骤如下：

① 读入源点数据；② 进行模型自身遮挡筛选；③ 计算顶点相对于源点的参数；④ 源点作用范围的筛选（一次源，多次镜像源，绕射源）；⑤ 模型间的遮挡筛选；⑥ 获取源可视多边形、棱边、场点，将数据保存到数据库中；⑦ 继续下个源的计算，直到终止迭代条件。

完成上述过程后就建立起虚拟源点层次树（图 6-1），同时也把可视源点数据和树结构保存到了数据库中。

（3）反向搜索

建立了虚拟源点层次树结构后，就可以从场点出发反向建立每个场点的传播路径。首先读入场点的可视源，场点有多少可视源，就可能有多少路径，但很大一部分不可到达源点（射线与多边形相交或反射点、绕射点超出多边形和棱边的范围），这就需要对路径进行筛选，选出有效的路径。

1）反射、绕射路径的确定

反射源：计算反射点，判断场点到反射点是否遮挡，遮挡则抛弃此路径，可视则将反射点加入路径；并以此反射点为新的场点进入下一轮的搜索迭代，直到发射源点，完成一个场点一条路径的建立；然后再进入下一个场点的搜索。

绕射源：在棱边上进行一维搜索，以一定的步长在棱边上确立有限个绕射点，再以这些绕射点为场点往前迭代，判断，直到找出绕射点。一次绕射要判断绕射点与场点是否是同一多面体面，且与场点是否包含共同边缘，如果满足这些条件，则有一次绕射路径；二次绕射则将边缘作为源，再按照一次绕射找寻方法找二次绕射路径。在实际中由于二次以上的绕射衰减已经很大，可以舍弃；同时在城市小区中，发射和接收天线都远低于建筑高度，从建筑顶端到接收场点至少要经过两次边缘绕射，从顶端到接收场点的射线数量比从竖直墙面到达接收场点的射线数量要少得多，因而可以舍弃经建筑顶端的绕射。

2）射线有效性检验

上述过程确定了射线的路径，但不能保证每一条从场点出发的射线都能到达源点，需要对射线进行有效性判断，即判断是否存在一条有效路径，使得发射源和场点之间在经过若干次反射、绕射后能够连通。有效性判断也是一个迭代的过程：从场点出发，判断镜像点和场点的连线与多边形的交点，如果交点在多边形上，并且交点与镜像点之间可以连通，则镜像点有效；依次往上搜索，直到搜索至发射点，终止迭代。在迭代过程中，只要有一步不满足条件，则该路径无效。对一条路径的射线段，要检测它是否畅通，需要判断两点之间连线是否与多边形相交，如果每次都要判断所有多边形，那么计算量将会很大。一般的方法是：用快速的方法获取一个大致的范围，在此范围内的多边形有可能与线相交，将范围之外的排除。本书为了加快计算速度，先找出每个多边形的外接矩形，即由该多边形的最大、最小坐标值构成的矩形（包围盒），如图 6-7 所示。只有射线与该矩形相交，才能与多边形相交，否则放弃对该多边形的进一步计算和判断。由于利用包围盒将建筑物进行了简化，这就提高了射线有效性检验计算的速度。

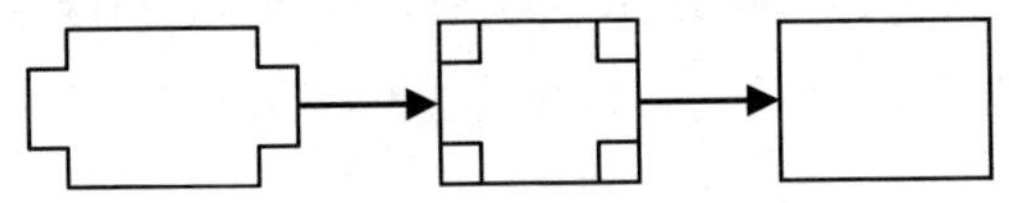

图 6-7　包围盒示意图

（4）场强的计算

确定了射线的有效路径后就可以进行场强的计算，射线末端的场强值由直射、反射和绕射组成，直射、反射、绕射的计算方法参见文献[96]，预测点的总场强值为各射线末端场强的矢量和。

6.2.3　仿真实验

为了验证统一虚拟源双向射线跟踪算法的计算精度和效率，对文献[97]中渥太华 Slater 基站周围的两条不同走向街道的场强路径损耗值进行仿真计算，并且把预测值与实测值进行比较。其中，建筑物的地面投影通过对文献中的地图进行矢量化得到，并对其进行坐标配准，预测点场强的实际路径损耗值由地图上直接读出。文献中没有给出该区域的地形情况，假设该区域为平地，预测选择的场景如图 6-8 和图 6-9 所示。把数据读入程序中，调整电波频率为 910 MHz，发射天线高为 8.5 m，接收天线高为 3.65 m，反射和绕射的阈值分别设为 3 和 1，递归深度设为 5，即最多考虑一次绕射，建筑表面和地面的平均电性能参数的选择参照文献[98]。

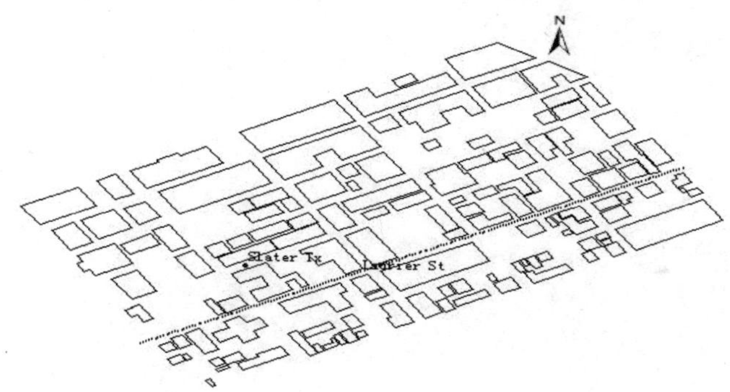

图 6-8　Slater 基站周围的 Laurier St 场景

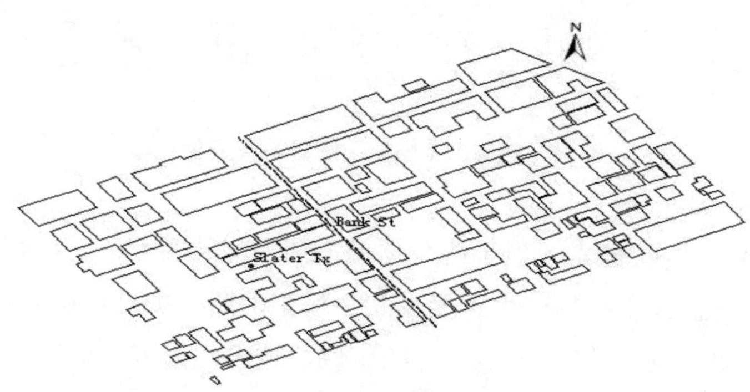

图 6-9　Slater 基站周围的 Bank St 场景

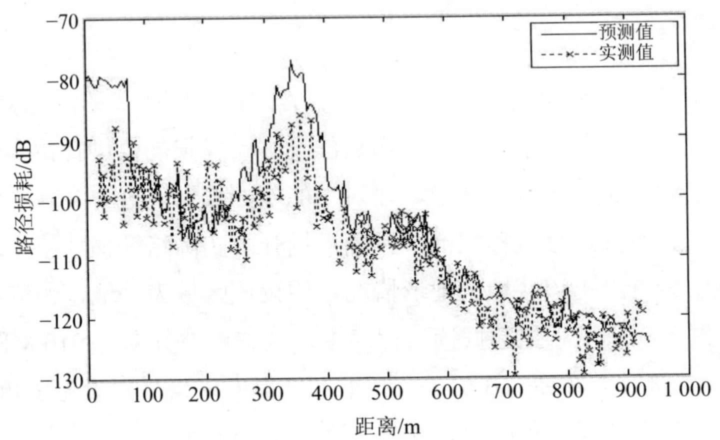

图 6-10 Laurier St 场景预测值与实测值比较

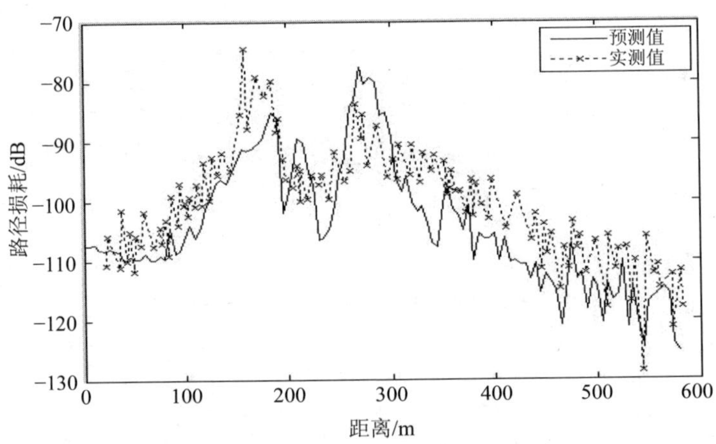

图 6-11 Bank St 场景预测值与实测值比较

图 6-10 和图 6-11 分别给出了两个场景下预测值与实测值的比较。可以看出，统一虚拟源双向射线跟踪算法大致能反映出场强的路径损耗情况，这证明了该算法的合理性。图 6-10 中，预测值一开始出现了较大的偏差，原因是 Laurier 街道周围存在一片较大的空地，射线可以从发射点直接达到接收点。图 6-10、图 6-11

中预测值与实测值出现一定的偏差可能与建筑物电学特性的选择、射线跟踪计算中递归深度的设置以及预测场景环境的简化有关。

为了验证计算速度，把本算法与 Wireless InSite 软件中的城市峡谷模型（Urban Canyon model）进行比较。Wireless InSite 是一款专门对复杂电磁环境进行仿真预测分析的软件，软件中包含多种射线跟踪模型，其中的城市峡谷模型是一种 SBR 算法，具有较高的计算效率。

表 6-6 是两个场景下不同算法计算时间的比较，仿真机配置都为 Pentium（R）2.2G，2G 内存，可以看出，在保证精度的同时，统一虚拟源双向射线跟踪算法较 SBR 算法具有更快的计算速度，符合蜂窝移动场强预测的标准。

表 6-6 计算时间的比较

	统一虚拟源双向射线跟踪算法	SBR 算法
Laurier St 场景	354	377
Bank St 场景	181	196

6.2.4 实验结论

依据镜像理论，提出了统一虚拟源双向射线跟踪算法，该算法把数据库高效的检索技术贯穿在射线跟踪的整个计算过程中，提高了计算速度；同时独特的双向搜索技术保证了计算精度。仿真结果证明了该算法的正确性，其适用于三维建筑物和地形环境中的电磁波场强预测，可为三维城市中电信基站的辅助决策提供依据。实验中没有考虑电波的多源干涉情况，这是今后进一步要研究的问题。

6.3 本章小结

本章介绍了基于.NET Remoting 的射线跟踪方法及基于镜像理论的射线跟踪改进方法，并结合实例进行验证。针对射线跟踪算法计算量大、耗时长的特点，在镜像法的基础上，利用.NET Remoting 应用程序架构，设计了分布式射线跟踪并行计算模型，模型以二次虚拟源每个节点的子树为单位划分任务，通过管理程序调用并启动远程计算对象，根据计算节点的完成情况动态地分配任务。针对射线跟踪算法计算速度慢、计算精度低的问题，提出了一种高效的射线跟踪算法。该算法基于镜像理论，通过正向搜索建立可视多边形、棱边和场点，构建虚拟源点层次树，通过反向搜索建立射线传播路径，同时将数据库高效的检索技术贯穿在整个流程中，加快了计算速度，实现了3DCM环境下电磁波场强的预测。

第 7 章　研究结论与展望

7.1　研究结论

GIS 的终极化目的是其大众化应用、公众参与辅助决策。目前无论是 2DGIS 还是 3DGIS 仍与这一目标尚有距离，主要有三点原因：① 决策支持应用是一个跨学科的理论与技术问题；② SDSS 与 GIS 有实质性的差别，集成难度较大；③ 没有通用的数学模型能够解决辅助决策证据的获取问题。鉴于此，本书试图探索 3DCM 辅助空间决策支持的基本思路和方法，内容涉及：

（1）3DCM、辅助决策支持的基本概念；

（2）3DCM 辅助空间决策证据的挖掘与发现方法；

（3）空间分析与辅助空间决策支持的概念；

（4）3DCM 辅助空间决策证据的获取数学模型；

（5）证据获取数学模型的建模方法；

（6）辅助决策模型；

（7）决策支持证据的可视化方法；

（8）3DCM 辅助决策支持的结构功能模型；

（9）3DCM、数学模型及 GIS 的集成方法；

（10）基于 3DCM 的无线信号场强覆盖预测；

（11）基于 3DCM 的建筑物日照分析；

（12）基于 3DCM 的辅助城市设计。

对于上述问题的研究，还存在不完善和有待深入研究的问题，这些问题将在

7.2 具体说明。本书的主要工作和结论如下：

7.1.1 提出了三维城市模型（3DCM）的辅助决策支持问题

以往研究的所谓决策支持或空间分析，都是针对非空间数据和二维空间数据进行，没有涉及三维的问题。3DCM 是数字城市的主要内容，对于辅助决策很有应用价值；不研究 3DCM 的增值应用问题，数字城市的社会效益与经济效益将难以体现。

7.1.2 把空间数据挖掘与知识发现（SDMKD）技术引入 3DCM 的辅助空间决策支持研究

SDMKD 是从海量且纷繁复杂的数据中寻找其规律性、知识性的认识，这些正是决策支持所需要的证据。3DCM 与空间分布的其他各种信息之间的联动与耦合关系需要借助 SDMKD 去发现。

7.1.3 系统研究了 3DCM 辅助决策支持的模型、方法与应用，提出了研究思路

3DCM 的辅助决策支持是一个比较复杂的问题，其关键问题是 3DCM 与空间专题信息的混合建模，以获取 3DCM 影响下空间信息的分布与传播规律。

7.1.4 将决策证据理论引入 3DCM 的辅助决策分析

证据理论属于统计学的范畴，其要旨是研究多维决策概率的合成问题。决策证据具有多元性，除概率证据外，还有数量证据、频率证据、规律证据等。

7.1.5 对决策证据的可视化作了适度的研究

提出以球的体元为像元的颜色灰度赋值方法，研究在静态状态下，多点源空间信息的叠加处理与灰度赋值方法，给出不同视角的动态决策证据的可视化表达。

7.1.6　对 3DCM、GIS 与数学模型的集成方式做了初步探索

提出了将 3DCM、GIS 与数学模型三者紧密集成于 GIS，而将证据库、决策模型库、方法库进行二次集成于 GIS。探讨基于 GIS 平台的辅助决策支持系统的结构模式。GIS 中的空间数据、专题数据、属性数据等一般不能作为空间决策支持证据，而对决策支持证据进行决策分析的决策模型又不同于证据获取的数学模型，只有进行二次集成与建模分析，才能提供有效的决策支持。

7.2　研究展望

3DCM 辅助空间决策支持是 3DGIS 领域的前沿课题。国内外在这一领域的研究并不多。从检索到的文献来看，大都没有顾及 3DCM 对空间信息分布的影响。英国伦敦大学学院高等空间分析中心以 M.Batty 教授为首的研究小组作了一些尝试性的研究，例如景观分析、太阳能的利用等；德国斯图加特大学景观规划与生态研究所（ILPE）以 Markus Muller 为首的课题组研究了环境规划中建模所需要的三维空间数据类型。他们的研究范围和深度仍然有限。我们知道，GIS 是一个多学科交叉研究的新型领域，这就决定了 3DGIS 的服务面的广泛性。因此，从 3DGIS 的理论角度出发，研究基于 3DCM 的辅助空间决策支持的基本的、各专业应用中共同面临的数学理论支持模型与决策支持方法有其必要性。本书的研究工作只是提纲挈领地讨论研究思路，今后的研究工作应突出解决以下三个问题：

（1）GIS 与 SDSS 之间的共享与集成方法。

（2）建立 3DCM 与专题信息之间通用的空间关联的数学模型。

（3）深入研究空间数据挖掘与知识发现的理论与方法在决策证据获取中的应用。

参考文献

[1] Ao，C.，Wang，Z. An exploring study of an integrated SDSS for the sustainable environment in Macau. Hong Kong：Advances in Spatial Analysis and Decision Making，2003.

[2] Arbia G，Griffith D，Haining R. Error Propagation Modeling in Raster GIS：Adding and ratioing Operations. Cartography and Geographic Information Science，1999，13（7）：297-315.

[3] Batty M.，Chapman D.，Evans S.，et al. Visualizing the city：Communicating Urban Design to Planners and Decision-Makers，2000.

[4] 黄跃进，朱云龙. 空间决策支持系统模型库系统研究[J]. 信息与控制，2000，29（3）：219-224.

[5] Batty M.，Dodge M.，Jiang B.，et al. For Urban designers：the VENUE Project. http：//www.casa.ucl.ac.uk/venue.pdf.

[6] Carr JR. Spectral and Texture Classification of Single and Multiple Band Digital Images. Computer & Geosciences，1996，22（8）：849-865.

[7] Chen Xupeng. Urbanization and Urban GIS. Beijing：Science Press，1999.

[8] Chiles JP，Pierre D. Geo-statistic：Modeling Spatial Uncertainty. New York：Awiley Interscience Publication，1999.

[9] 陈崇成，等. 空间决策支持系统中模型库的生成及与 GIS 紧密集成[J]. 遥感学报，2002（3）.

[10] Jiang B，Martin Dodge. Geographical Information Systems for urban Design：Providing new tools and digital data for urban designers. http：//www.casa.ucl.ac.uk/publications/learning_spaces/.

[11] Curran PJ. The Semivariogram in Remote Sensing：An Introduction. Remote Sensing of Environment，1988（24）：493-507.

[12] Dipl，Geogr，Markus Müller. 3D geo-spatial data requirements in environmental planning. http：//www.ifp.uni-stuttgart.de.

[13] R. Sivacoumar，K.Thanasekaran. Line source model for vehicular pollution prediction near roadways and model evaluation through statistical analysis. Environmental Pollution，1999，104：389-395.

[14] Yilmaz Yildirim，Nuhi Demircioglu，Mehmet Kobya，et al. A mathematical modeling of sulphur dioxide pollution in Erzurum City. Environmental Pollution，2002，118：411-417.

[15] Dipl，Geogr，Markus Müller. 3D geo-spatial data requirements in environmental planning. http：//www.ifp.uni-stuttgart.de.

[16] Monika Ranzinger，Gunther Gleixner，et al. GIS Datasets for 3D Urban Planning. Comput Environ And Urban Systems. 1997，21（2）：159-173.

[17] Tsuyoshi Horiguchi，Takehito Sakakibara. Numerical simulations for traffic-flow models on a decorated square lattice. Physica A，1998，252：388-404.

[18] ISPRS Workshop on Spatial Analysis and Decision Making. http：//www.lsgi.polyu.edu.hk/ISPRS_workshop_SADM2003.

[19] 王桥，等. 地理信息系统中的区域规划模型及其管理[M]. 北京：宇航出版社，1998.

[20] 张伟，顾朝林. 城市与区域规划模型系统[M]. 南京：东南大学出版社，2000.

[21] 马爱军，王延章，等. 空间决策支持系统的数据集成方法[J]. 计算机工程与应用，2002（11）：88-91.

[22] 徐冠华. 遥感与资源环境信息系统应用与展望[J]. 环境遥感，1994（4）：241-244.

[23] 龚敏霞，闾国年，等. 智能化空间决策支持模型及其支持下 GIS 与应用分析模型的集成[J]. 地球信息科学，2002（1）：91-97.

[24] 李朝奎，朱庆，等. 三维城市模型辅助空间决策支持的研究思路[J]. 湘潭矿业学院学报，2003（3）：73-76.

[25] 阎守邕，陈文伟. 空间决策支持系统开发平台及其应用实例[J]. 遥感学报，2000，4（3）：239-244.

[26] 王挺，阎磊，马宏琳. 应用空间决策支持系统进行城市人口预测初探[J]. 电脑与信息技术，2002（4）：47-50.

[27] Liu HX，Jezeck KC. Investigating DEM Error Pattern by Directional Variogram and Fourier Analysis. Geographical Analysis，1999，31（3）：249-266.

[28] Martin Dodge，Dr Bin Jiang. Geographical Information Systems for Urban Design：Providing new tools and digital data for urban designers.http：//www.casa.ucl.ac.uk/publications/learning_spaces/.

[29] Miranda FP，Carr JR. Application of the Semivariogram Texture Classifier for Vegetation Discrimination Using SIR_Bdata of Borneo.Int.J.Remote Sensing，1992（13）：2349-2354.

[30] Malinverni E S，Fangi G，Salandin P. Spatial Modeling in a GIS for an environments decision support sysytem-Workshop Spatial Analysis and Decision Making SADM2003[J]. ISPRS. Commission IIWG，2003，5：229-241.

[31] 徐青. 地形三维可视化技术[M]. 北京：测绘出版社，2003.

[32] 李德仁，关泽群. 空间信息系统的集成与实现[M]. 武汉：武汉测绘科技大学出版社，2000.

[33] 邸凯昌. 空间数据挖掘与知识发现[M]. 武汉：武汉大学出版社，2001.

[34] 段新生. 证据理论与决策、人工智能[M]. 北京：中国人民大学出版社，1993.

[35] 王仁铎，胡光道. 线性地质统计学[M]. 北京：地质出版社，1988.

[36] 张永忠. 美国当代 GIS 研究的主要方向[J]. 遥感信息，2001（3）：43-45.

[37] 梁艳平. 基于 GIS 的统计信息分析与辅助决策研究[D].中南大学，2003.

[38] 史文中. 空间数据误差处理的理论与方法[M]. 北京：科学出版社，1998.

[39] Fisher P，Unwin D. Virtual Reality in Geography[M]. Boca Raton：CRC Press，2003.

[40] Uran O，Janssen R. Why are spatial decision support systems not used？ Some experiences from the Netherlands. Computers，Environment and Urban Systems，2003（27）：511-526.

[41] Zhou J Y，Xue Y，C. Visual Sustainability Comparative Study of Open Space in Hong Kong Public Housing Estates：Virtual 3D Urban Simulation Environment Based，paper of the 2nd workshop on virtual reality and geography，Beijing.

[42] Zhu Q，Li D R，Zhang Y T，et al. Cyber City GIS（CCGIS）：Integration of DEMs，Images，and 3D Models. Photogrammetric Engineering & Remote Sensing，2002，68（4）：361-367.

[43] Franklin SE，Wulder MA，Lavigne MB. Automated Derivation of Geographic Window Sizes for Use in Remote Sensing Digital Image Texture Analysis. Computer & Geo-science，1996，22（6）：665-673.

[44] Schowengerd RA. Remote Sensing Models and Methods for Image Processing. 2nd edition. San Diego：Academic Press，1997.

[45] Woodcock CE，Strahler AH，Jupp DLB. The Use of Variograms in Remote Sensing Ⅰ：Scene Models and Simulated Images，and II：Real Digital Images.Remote Sensing of Environment，1988（25）：323-379.

[46] Singh R.R. Exploiting GIS for Sketch Planning. 1996 ESRI International User Conference. http：//www.esri.com/base/common/userconf/proc96/TO300/PAP260/P260.HM.

[47] H.W.Xu，H.Tang，et al. Model integration for spatial decision-making support system based on knowledge. HongKong：Advances in Spatial Analysis and Decision Making，2003.

[48] Jacek Malczewski. Spatial Decision Support Systems. http：//www.ncgia.ucsb.edu/giscc/units/u127/u127.html.

[49] Isaaks E，Srivastava R. An Introduction to Applied Geo-statistics. London：Oxford University Press，1989.

[50] Isabelle Lariviere U，Gaetan Lafrance. Modelling the electricity consumption of cities：effect of urban density. Energy Economics，1999，21：53-66.

[51] Keenan B. Spatial decision support systems for vehicle routing. Decision Support Systems，

1998，22：65-71.

[52] Sprague Jr R H.，Carlson E D. Building Effective Decision Support Systems. New Jersey，US：Prentice-Hall，1982.

[53] 夏敏. 农地适宜性评价空间决策支持系统研究[D]. 南京农业大学，2007.

[54] Jiang B，Christophe C，Bjijrn K. Integration of space syntax into GIS for modelling urban spaces. International Journal of Applied Earth Observation and Geoinformation，2000，2(3-4)：161-171.

[55] 李朝奎. 投影降维方法及其实验数据分析[J]. 中国有色金属学报，2003（3）：743-748.

[56] 孙敏，陈军. 基于几何元素的三维景观实体建模研究[J]. 武汉测绘科技大学学报，2000，25（3）：233-237.

[57] 李朝峰，史明寅，王桂梁. 地学三维模型光照与动态显示[J]. 煤田地质与勘探，2001（1）：14-17.

[58] 俞胜兵. 无线信号场强覆盖预测算法及其移动通信网络优化工程应用[D]. 武汉大学，2002.

[59] Li Deren，Chen Tao. KDG：Knowledge Discovery from GIS—propositions on the Use of KDD in an Intelligent GIS. The Cannadian Conference On GIS，1994：1001-1012.

[60] R. Sivacoumar，K. Thanasekaran. Line source model for vehicular pollution prediction near roadways and model evaluation through statistical analysis. Environmental Pollution，1999（104）：389-395.

[61] Sprague R.H. A framework for the development of decision support systems//Sprague，R.H.，Watson，H.J.（Eds.）. Decision Support Systems：Putting Theory Into Practice. London：Prentice-Hall，1989：9-35.

[62] 李清泉. 基于混合结构的三维 GIS 数据模型与空间分析研究[D]. 武汉：武汉测绘科技大学，1998.

[63] 王国安，米鸿涛，等. 太阳高度角和日出日落时刻太阳方位角一年变化范围的计算[J]. 气象与环境科学，2007，S1：161-164.

[64] 眭海刚，陈松林，朱庆. 基于数码城市 GIS 的日照分析系统的设计与实现[J]. 计算机应用研究，2004（6）：164-167.

[65] 周棋. 基于 ARM 的太阳自动跟踪系统设计[D]. 长沙：湖南大学，2011.

[66] 李彤，娄媚，王豪行. 利用射线跟踪方法进行微蜂窝电波传播预测[J]. 通信学报，1997，18（11）：1-7.

[67] 吴志强，李德华. 城市规划原理[M]. 北京：中国建筑工业出版社，1987.

[68] 王磊. 三维可视化在城市规划辅助设计管理中的应用[J]. 智能建筑与城市信息，2003，78

（5）：66-71.

[69] 尹长林，张鸿辉，等. 元胞自动机城市增长模型的空间尺度特征分析[J]. 测绘科学，2008（5）：78-80.

[70] 段兴平. 基于空间句法的昆明老城区空间演变研究[D]. 昆明理工大学，2011.

[71] 李军. 数字城市三维地理空间框架数据管理系统[D]. 中南大学，2012.

[72] 张忠波. 基于射线跟踪技术的室内电波传播预测研究[D]. 西安电子科技大学，2012.

[73] 李超峰，焦培南，聂文强. 射线追踪技术在城市环境场强预测计算中的应用[J]. 电波科学学报，2005，20（5）：660-665.

[74] 董金梁，金荣洪，耿军平，等. 改进射线跟踪法效率的新方法[J]. 微波学报，2006，22（6）：6-8.

[75] 梁晓辉，霍晓栋. 分布式交互仿真中的电波传播模型研究[J]. 系统仿真学报，2008，20（8）：2059-2063.

[76] 刘海涛，黎滨洪，谢勇. 并行射线跟踪算法及其在城市电波预测的应用[J]. 电波科学学报，2004（5）：581-585.

[77] Cavalcane A M，de Sousa M J，Costa J C W A，et al.A parallel approach for 3D ray-tracing techniques in the radio propagation prediction [J].Journal of Microwave and Optoelectronics，2007，6（1）：207-219.

[78] Chen Z，Delis A，Bertoni H L.Radio-wave propagation prediction using ray-tracing techniques on a network of workstations（NOW） [J].Journal of Parallel and Distributed Computing，2004，64（10）：1127-1156.

[79] 杨锦辉，张文. 一种基于三维射线弹跳法的并行电磁传播预测算法[J]. 装备指挥技术学院学报，2010，21（6）：91-96.

[80] 李芬，张旭翔. 镜像法计算室内天线场强分布[J]. 空间电子技术，2009（1）：31-35.

[81] Athanaileas T E，Athanasiadou G E，Tsoulos G V，et al.Parallel radio-wave propagation modeling with image-based ray tracing techniques [J]. Parallel Computing，2010（36）：679-695.

[82] 朱仁龙. 镜像法及其应用[J]. 上海师范大学学报（自然科学版），1994（3）：112-119.

[83] 周力，毛钧杰，柴舜连. 基于三维射线跟踪的城市微小区电波传播预测算法[J].电子学报，2002，30（3）：434-436.

[84] 肖钦引，李旭伟，尹学渊. 基于.NET Remoting 的设备远程监控管理系统的研究与实现[J]. 计算机应用，2009，29（12）：143-144.

[85] 程勇，吴剑锋，曹伟. 一种用于移动系统场强预测的准三维射线跟踪模型[J]. 电波科学学报，2002，17（2）：151-159.

[86] 李朝奎，朱庆，陈松林，等. 基于 3DCM 的日照分析模型研究[J]. 武汉大学学报（信息科学版），2005，30（1）：89-92.

[87] 陈晓勇，吴华玲，Tran Minh Tri. 基于 GIS 的移动蜂窝网络场强预测研究[J]. 武汉大学学报（信息科学版），2011，36（10）：1135-1139.

[88] Catedra M F, Perez J, Saez de A F, et al. Efficient ray-tracing techniques for three-dimensional analyses of propagation in mobile communications：application to picocell and microcell scenarios[J]. IEEE on Antennas and Propagation，2002，40（2）：15-28.

[89] 董金梁，金荣洪，耿军平，等. 改进射线跟踪法效率的新方法[J]. 微波学报，2006，22（6）：6-8.

[90] 梁晓辉，霍晓栋. 分布式交互仿真中的电波传播模型研究[J]. 系统仿真学报，2008，20（8）：2059-2063.

[91] 袁正午，沐维，黎意超，等. 基于历史缓存技术的射线跟踪加速算法研究[J]. 计算机应用研究，2010，27（12）：4729-4731.

[92] 袁正午，李林，黎意超，等. 基于三维射线跟踪的 3G 网络规划模块[J]. 计算机应用，2010，30（2）：316-318.

[93] Athanaileas T E，Athanasiadou G E，Tsoulos G V，et al. Parallel radio-wave propagation modeling with image-based ray tracing techniques[J]. Parallel Computing，2010（36）：679-695.

[94] 王勇，李朝奎. 三维地理环境下电磁波场强预测并行计算研究[J]. 湖南科技大学学报（自然科学版），2008，23（2）：84-87.

[95] 顾晓龙，章文勋，云正清，等. 利用可见性概念改进基于镜像原理的射线追踪法[J].电波科学学报，2001，16（4）：464-467.

[96] Athanasios G K，Ioannis D K，George B K，et al. A UTD Propagation Model in Urban Microcellular Environments [J]. IEEE Transactions on Vehicular Technology，1997，46（1）：185-193.

[97] Whitteker J H. Measurements of path loss at 910 MHz for proposed microcell urban mobile systems [J] .IEEE Transactions on Vehicular Technology，1988，37（3）：125-129.

[98] Tan S Y，Tan H S. Propagation model for microcellular communications applied to path loss measurements in Ottawa city streets [J]. IEEE Transactions on Vehicular Technology，1995，44（2）：313-317.